全国高职高专机电类专业规划教材

机械制造技术课程设计指导

主　编　李永敏　葛玉萍
副主编　赵　黎
主　审　徐跃增

黄河水利出版社
·郑州·

内 容 提 要

本书是全国高职高专机电类专业规划教材，是根据全国水利水电高职教研会制定的《机械制造技术课程设计指导》课程教学大纲编写完成的。本书共分5章，主要内容包括机械制造技术课程设计综述、机械加工工艺规程设计与案例、零件专用机床夹具设计与案例、机床夹具公差和技术要求、机械制造技术课程设计题目选编。

本书可供高职高专机电一体化、数控技术、机械制造与自动化、模具制造、机械制造与设备等专业的学生进行机械制造工艺与机床夹具课程设计和毕业设计时使用，也可供有关工程技术人员参考。

图书在版编目(CIP)数据

机械制造技术课程设计指导/李永敏，葛玉萍主编. —郑州：黄河水利出版社，2009.3 (2011.1 重印)
全国高职高专机电类专业规划教材
ISBN 978-7-80734-361-5

Ⅰ.机… Ⅱ.①李… ②葛… Ⅲ.机械制造工艺-课程设计-高等学校：技术学校-教学参考资料 Ⅳ.TH16-41

中国版本图书馆 CIP 数据核字(2009)第019024号

组稿编辑：王路平　电话：0371-66022212　E-mail：hhslwlp@126.com
简　群　66026749　w_jq001@126.com

出 版 社：黄河水利出版社
地址：河南省郑州市顺河路黄委会综合楼14层　邮政编码：450003
发行单位：黄河水利出版社
发行部电话：0371-66026940、66020550、66028024、66022620(传真)
E-mail：hhslcbs@126.com
承印单位：虎彩印艺股份有限公司
开本：787 mm×1 092mm　1/16
印张：10.75
字数：250 千字　印数：3 101—6 000
版次：2009年3月第1版　印次：2011年1月第2次印刷

定价：20.00元

前 言

本书是根据《国务院关于大力发展职业教育的决定》，教育部《关于全面提高高等职业教育教学质量的若干意见》、《关于加强高职高专教育人才培养工作意见》和《面向21世纪教育振兴行动计划》等文件精神，以及由全国水利水电高职教研会拟定的教材编写规划，报水利部批准，由全国水利水电高职教研会组织编写的机电类专业规划教材。

机械制造技术课程设计是机械制造技术教学中的一个重要环节，它是学生综合运用所学知识的一次实践锻炼。目的是培养学生初步具备工艺设计及工装设备设计的能力，为今后走上机械制造的生产岗位打下良好基础。

编写本书时以实用为导向，所选案例均来自生产实际，实用性强，适合高等职业教育的特点。

本书共分5章。第1章为机械制造技术课程设计综述；第2章为机械加工工艺规程设计与案例；第3章为零件专用机床夹具设计与案例；第4章为机床夹具公差和技术要求；第5章为机械制造技术课程设计题目选编。

本书由山东水利职业学院李永敏、黄河水利职业技术学院葛玉萍、山东水利职业学院赵黎编写。本书由李永敏、葛玉萍担任主编，李永敏负责统稿，由赵黎担任副主编。全书由浙江同济科技职业学院徐跃增担任主审。

本书可供高职高专机电一体化、数控技术、机械制造与自动化、模具制造、机械制造与设备等各专业的学生进行机械制造工艺与机床夹具课程设计和毕业设计时使用，也可供有关工程技术人员参考。

由于编者水平所限，错误和不当之处在所难免，恳请读者不吝指正。

编 者

2008年10月

目　录

第 1 章　机械制造技术课程设计综述

§1.1　课程设计的目的、要求与内容

1.1.1　课程设计的目的

机械制造技术课程设计是在学完机械制造工艺、金属切削原理与刀具、机床夹具设计等课程内容,并进行了生产实习的基础上进行的一个教学实践环节。它要求学生全面地综合运用本课程及其先修课程的理论和实践知识进行工艺及结构的设计,也为以后搞好毕业设计及顶岗实习提供了一次预备训练。其目的在于:

(1)培养学生运用机械制造工艺学及有关课程(工程材料与热处理、机械设计、互换性与测量技术、金属切削机床、金属切削原理与刀具等)的知识,结合生产实践中学到的知识,独立地分析和解决工艺问题,初步具备设计一个中等复杂程度的工艺规程的能力。

(2)能根据被加工零件的技术要求,运用夹具设计的基本原理和方法,学会拟订夹具设计方案,完成夹具结构设计,初步具备设计出高效、省力、经济合理并能保证加工质量的专用夹具的能力。

(3)培养学生熟悉并运用有关手册、标准、图表等技术资料的能力。

(4)进一步培养学生识图、制图、运算和编写技术文件等的基本技能。

1.1.2　课程设计的要求与内容

1.1.2.1　课程设计要求

设计要求编制一个中等复杂程度零件的机械加工工艺规程,按教师的指定设计其中一道工序的专用夹具,并撰写设计说明书。学生应在教师的指导下,认真、有计划地按时完成设计任务。学生必须以负责的态度对待自己所作的技术决定、数据和计算结果,注意理论与实践的结合,以期使整个设计在技术上是先进的,在经济上是合理的,在生产中是可行的。

机械制造技术课程设计题目一律定为:××零件的机械加工工艺规程制订及×××工序专用夹具设计。

生产类型为中批或大批生产。

设计具体要求包括:

零件图	1 张
毛坯图	1 张
机械加工工艺卡片(或工艺过程卡片和工序卡片)	1 套
夹具总装图	1 张

夹具主要零件图 1张

课程设计计算说明书 1份

1.1.2.2 课程设计内容

本课程设计要求编制一个中等复杂程度零件的工艺规程，设计（或选型）其中重要工序（或难加工序）的夹具，并撰写设计说明书。

具体内容如下：

（1）确定生产类型，对零件进行工艺分析；

（2）确定毛坯种类及制造方法，绘制毛坯图（零件—毛坯合图）；

（3）拟定零件的机械加工工艺过程，选择各工序加工设备及工艺装备（刀具、夹具、量具和辅具）；

（4）确定工序尺寸及公差，各工序切削用量，计算某一关键工序的工时定额，画出工序简图；

（5）填写工艺文件，包括工艺过程卡片（或工艺卡片）、工序卡片（也可按指导老师的要求只填写部分主要工序的工序卡片）；

（6）设计某一工序的夹具，绘制夹具装配图和主要零件图1～2张；

（7）撰写设计计算说明书。

§1.2 设计方法和步骤

1.2.1 工艺设计的方法

1.2.1.1 分析研究零件图和实物，进行工艺审查

零件图样、生产纲领、每日班次和生产条件是课程设计的主要原始资料，由这些资料确定了生产类型和生产组织形式之后，即可开始拟定工艺规程。

（1）熟悉零件图，了解零件性能、用途、工作条件及所在部件（或整机）中的作用。

（2）了解零件材料，合理选择毛坯种类和制造方法，确定切削用量及加工方法。

（3）分析零件图上各项技术要求制定的依据，确定主要加工表面和次要表面，找出关键技术问题。

（4）分析零件的结构工艺性要从选材是否得当，尺寸标注和技术要求是否合理，零件的结构是否便于安装和加工，零件的结构能否适应生产类型和具体的生产条件，是否便于采用先进的、高效率的工艺方法等方面进行分析，不合理处可提出修改意见。

1.2.1.2 选择毛坯制造方式，画毛坯图

（1）毛坯的制造方式及毛坯精度，主要取决于生产类型、零件结构、形状、尺寸及材料等因素。

（2）确定总余量及余量公差：可查阅有关的机械加工工艺手册，用查表法确定各表面的总余量及余量公差，也可用计算法确定。

（3）绘制毛坯图。在总余量已确定的基础上画毛坯图。在经简化了次要细节的零件图的主要视图上，将已确定的加工余量叠加在各相应的被加工表面上，即得到毛坯轮廓。

为表达清楚某些内部结构,可画必要的剖视、剖面。用双点画线画出简化了的零件图,用粗实线绘出毛坯形状。同时,应在图上标注出毛坯尺寸、公差、技术要求、毛坯制造的分模面、圆角半径和拔模斜度等。应注明一些特殊工艺余块,例如热处理工艺夹头、机械试验和金相试验用试棒、机械加工用的工艺夹头等的位置。对于图上无法或不便表示的条件,应以技术要求的形式写明。

1.2.1.3 拟定工艺路线

在对零件进行分析的基础上,制定零件的工艺路线。对于比较复杂的零件,可以先考虑几个加工方案,经分析比较后,再从中选出较合理的加工方案。

(1)选择定位基准。根据零件结构特点、技术要求及毛坯的具体情况,按照粗、精基准的选择原则来确定各工序合理的定位基准。当定位基准与设计基准不重合时,需要对它的工序尺寸和定位误差进行必要的分析和计算。

(2)决定各表面加工方法,划分加工阶段。根据各表面的加工要求,选定最终的加工方法,再由此向前确定各准备工序的加工方法。决定表面加工方法时还应对照每种加工方法所能达到的经济加工精度,先主要表面,后次要表面。最后根据零件的工艺分析、毛坯状态和选定的加工方法,看一看应采用哪些热处理;是否需划分成粗加工、半精加工、精加工等几个阶段。

(3)工序集中与分散。一般情况下,单件小批生产只能工序集中,而大批量生产则可以集中,也可以分散。各表面加工方法确定之后,应考虑哪些表面的加工适合在一道工序中完成,哪些则应分散在不同工序为好,从而初步确定零件加工工艺过程中的工序总数及内容。从发展角度来看,当前一般采用工序集中原则来组织生产。

(4)初拟加工工艺路线。加工顺序的安排一般应按"先粗后精,先面后孔,先主后次,基面先行"的原则进行,热处理工序按段穿插,检验工序按需要来安排。

(5)工艺装备的选择。总的原则是根据生产类型与加工要求,使所选择的工艺装备既能保证加工质量,又经济合理。中批生产条件下,通常采用通用机床加专用工、夹具;大批生产条件下,多采用高效专用机床、组合机床流水线、自动线与随行夹具。

(6)填写工艺过程卡片。选定工艺装备后,看是否要对先前初拟的工艺路线进行修改。修改确定后,可填写机械加工工艺过程卡片。

1.2.1.4 机械加工工序设计

(1)确定加工余量。毛坯余量在画毛坯图时确定。这里主要是确定工序余量。确定工序余量的方法有三种:计算法、经验估算法和查表法。

计算法是根据一定的试验资料和计算公式,对影响加工余量的各项因素统一加以考虑的。常用公式为:最小工序余量应满足下式:

用于对称余量时:

$$2Z_{\min} \geqslant 2(H_a + S_a) + T_a + 2|P_a + \varepsilon_b| \tag{1-1}$$

用于单边余量时:

$$Z_{\min} \geqslant H_a + S_a + T_a + |P_a + \varepsilon_b| \tag{1-2}$$

式中 H_a——上工序所形成的表面粗糙度;

S_a——上工序所形成的缺陷层深度;

T_a——上工序的尺寸公差；

P_a——上工序造成的空间误差；

ε_b——本工序的安装误差。

按上述公式计算出来的最小余量是最经济合理的，但需积累比较全面、系统的资料，所以设计者要根据各种手册查出这些数据。

在生产实践中常采用经验估算法。此种方法要求有一定的生产实践经验，而其值的大小也往往根据各厂的习惯以及设备情况而定，故在课程设计中一般不采用。

查表法是常用的方法。这种方法是根据大量的试验和生产中的经验汇编的数据制成表格而进行选用的，同时还要根据使用时的具体条件进行修正。

(2)确定工序尺寸及公差。计算工序尺寸和标注公差是制订工艺规程的主要工作之一。工序尺寸公差一般按经济加工精度确定。而工序尺寸的确定有两种情况：一种情况是当定位基准(或工序基准)与设计基准重合时，可采用"层层剥皮"的方法，即将余量一层层叠加到被加工表面上，可以清楚地看出每道工序的工序尺寸，再按每种加工方法的经济加工精度公差按"入体原则"标注在对应的工序尺寸上；另一种情况是当定位基准(或工序基准)与设计基准不重合，即加工基准多次变换时，应按尺寸链原理来计算确定工序尺寸和公差，并校核余量层是否满足加工要求。

(3)确定各工序的切削用量。合理的切削用量是科学管理生产、获得较高技术经济指标的重要前提之一。切削用量选择不当会使工序加工时间增多，设备利用率下降，工具消耗增加，从而增加产品成本。

选择切削用量的一般原则是在保证加工质量的前提下，在规定的刀具耐用度条件下，使机动时间少、生产率高。为此，应合理地选择刀具材料及刀具的几何参数。在选择切削用量时，首先确定背吃刀量(粗加工时尽可能等于工序余量)；其次根据表面粗糙度要求选择较大的进给量；最后，根据切削速度与耐用度或机床功率之间的关系，用计算或查表方法求出相应的切削速度(精加工则主要依据表面质量的要求)。

(4)制定时间定额。主要是确定工序的机加工时间，亦可包括辅助时间、技术服务时间、自然需要时间及每批零件的准备终结时间等。

(5)填写机械加工工序卡片。将以上已确定的内容，按工序卡所要求的项目填写工序卡。工序卡是指导生产的纪律性文件，填写时字迹应端正，表达要清楚。

工序卡中工序简图的要求：①简图应按比例缩小，用尽量少的视图表达。简图也可以只画出与加工部位有关的局部视图，除加工面、定位面、夹紧面、主要轮廓面外，其余线条均可省略，以必须、明了为度。②被加工表面用粗实线表示，其余均用细实线。③应表明本工序的工序尺寸、公差及粗糙度要求。④定位、夹紧表面应以 JB/T 5601—91 规定的符号表明。

1.2.2 机械零件专用机床夹具设计

要求学生设计一套给定零件专用夹具。夹具的设计项目可根据加工的需要，由学生本人提出并经指导教师同意后确定。原则上所设计的夹具应具有中等以上的复杂程度。

夹具设计应根据零件工艺设计中所规定的原则和要求来进行，如工序名称、加工技术要求、机床型号、前后工序关系、定位基准、夹紧部位、同时加工零件数等。

1.2.2.1 零件专用夹具设计的步骤

1. 明确设计任务,收集研究原始资料

在接到夹具设计任务书后,首先要仔细阅读加工件的零件图和与之有关的部件装配图,了解零件的作用、结构特点和技术要求;其次要认真研究加工件的工艺规程,充分了解本工序的加工内容和加工要求,了解本工序使用的机床和刀具,研究分析夹具设计任务书上所选用的定位基准和工序尺寸。

2. 拟定夹具结构方案,绘制夹具草图

拟定夹具的结构方案时,主要解决如下问题:

(1)确定工件的定位方式,设计定位装置。

(2)确定工件的夹紧方案,设计夹紧装置。

(3)确定对刀或引导方式,选择或设计对刀装置或导向元件。

(4)确定其他元件或装置的结构形式,如定位键、分度装置等。

(5)确定夹具的总体结构及夹具在机床上的安装方式。在确定夹具结构方案的过程中,应提出几种不同的方案,画出草图,经比较分析,选取最佳方案。

3. 绘制夹具总图

夹具总图绘制比例除特殊情况外,一般均应按1:1绘制,以使所设计夹具有良好的直观性。总图上的主视图,应选取与操作者正对的位置。

绘制夹具装配图可按如下顺序进行:用双点画线画出工件的外形轮廓和定位面、加工面;画出定位元件和导向元件;按夹紧状态画出夹紧装置;画出其他元件或机构;画出夹具体,把上述各组成部分联结成一体,形成完整的夹具。在夹具装配图中,被加工工件视为透明体。

4. 确定并标注有关尺寸和夹具技术要求

夹具总图上应标注轮廓尺寸,必要的装配尺寸、检验尺寸及其公差;标注主要元件、装置之间的相互位置精度要求等。当加工的技术要求较高时,应进行工序精度分析。

5. 绘制夹具零件图

夹具中的非标准零件都必须绘制零件图。在确定这些零件的尺寸、公差或技术要求时,应注意使其满足夹具总图的要求。

1.2.2.2 夹具总图技术要求的制订

1. 夹具总图上应标注的尺寸与公差

在夹具总图上标注尺寸和技术要求的目的是为了便于绘制零件图、装配和检验。应有选择地标注以下内容:

(1)夹具的外形轮廓尺寸。

(2)与夹具定位元件、导向元件以及夹具安装基面有关的配合尺寸、位置尺寸及公差。

(3)夹具定位元件与工件的配合尺寸。

(4)夹具导向元件与刀具的配合尺寸。

(5)夹具与机床的联结尺寸及配合尺寸。

(6)其他主要配合尺寸。

2. 形状、位置要求

(1)定位元件间的位置精度要求。

(2)定位元件与夹具安装面之间的相互位置精度要求。

(3)定位元件与对刀导向元件之间的相互位置精度要求。

(4)导向元件之间的相互位置精度要求。

(5)定位元件或导向元件对夹具找正基面的位置精度要求。

(6)与保证夹具装配精度有关的或与检验方法有关的特殊的技术要求。

夹具的有关尺寸公差和形位公差通常取工件相应公差的1/5～1/2。当工序尺寸未注公差时,夹具公差取为±0.1 mm(或±10′),或根据具体情况确定;当加工表面未提出位置精度要求时,夹具上相应的公差一般不超过(0.02～0.05)/100 mm。

在具体选用时,要结合生产类型、工件的加工精度等因素综合考虑。对于生产批量较大、夹具结构较复杂,而加工精度要求又较高的情况,夹具公差值可取得小些。这样,虽然夹具制造较困难,成本较高,但可以延长夹具的寿命,并可靠保证工件的加工精度,因此是经济合理的。对于批量不大的生产,则在保证加工精度的前提下,可使夹具的公差取得大些,以便于制造。另外,为便于保证工件的加工精度,在确定夹具的距离尺寸偏差时,一般应采用双向对称分布,基本尺寸应为工件相应尺寸的平均值。

与工件的加工精度要求无直接联系的夹具公差如定位元件与夹具体、导向元件与衬套、镗套与镗杆的配合等,一般可根据元件在夹具中的功用凭经验或根据公差配合国家标准来确定。设计时,具体可参阅《机床夹具设计手册》等资料。

1.2.2.3 精度分析

进行加工精度分析可以帮助我们了解所设计的夹具在加工过程中产生误差的原因,以便探索控制各项误差的途径,为制定、验证、修改夹具技术要求提供依据。

用夹具装夹工件进行机械加工时,工艺系统中影响工件加工精度的因素有:定位误差ΔD、对刀(引导)误差ΔT、夹具在机床上的安装误差ΔA和加工引起的加工误差ΔG。上述各项误差均导致刀具相对工件的位置不准确,而形成总的加工误差$\sum\Delta$。以上各项误差应满足误差不等式:

$$\sum \Delta = \Delta D + \Delta A + \Delta T + \Delta G \leqslant T_k$$

式中　T_k——工件的工序尺寸公差。

1.2.3 编写设计计算说明书

学生在完成课程设计的各项工作之后,应将所做过的工作进行一次说明和总结,即编写课程设计说明书。

学生要通过编写说明书,概括地介绍课程设计的全貌,全面叙述设计中各部分的重要内容,要论证设计的合理性,应对自己提出的几个方案进行比较论证;对各主要计算环节要仔细写明。

对数据和公式的来源要予注明,以便别人审查核对,正文中应按顺序在引用参考文献处的文字右上角用[ ]标明,[ ]中的序号应与“参考文献”中序号一致,正文之后则应刊出参考文献。

说明书的编写应力求系统性,条理清楚,应有必要的简图和表格,使用A4(B5)纸打印出来(或认真填写到设计计算说明书专用纸上),并要装订成册。

说明书包括如下内容:

(1)封面。

(2)任务书。

(3)内容摘要及关键词。

(4)工艺规程的设计。①原始资料、生产条件。②零件的功用、结构特点、结构工艺性,主要加工表面和主要技术要求的分析。③确定生产类型。④毛坯的选择与毛坯图的绘制及说明。⑤制订工艺路线(粗、精基准的选择的说明,各表面加工方法的确定,加工阶段的划分,工序集中与工序分散的考虑,工序顺序的安排,加工设备与工艺装备的选择,不同方案分析比较等)。⑥加工余量、工序尺寸和公差的确定。⑦切削用量的确定及工时定额的计算。

(5)工艺规程文件(机械加工的工艺过程卡及工序卡片)。

(6)专用夹具的设计。①对专用工艺装备进行设计分析,并提出设计任务书。②专用夹具的设计,包括夹具的功用;不同设计方案分析比较和确定设计方案;定位分析与定位误差计算;夹具工作原理或动作原理、结构示意图;夹紧力计算与强度校核;夹具使用说明、特点及有待改进处。

(7)参考文献书目。

(8)附件目录(将正规打印的零件图、毛坯图、机械加工工艺过程卡及工序卡、专用夹具装配图、零件图按附件目录装订成册)。

(9)结语(总结)。

1.2.4 课程设计成绩评定

机械加工工艺过程卡及工序卡填写、专用夹具设计完成后由指导教师对学生的课程设计成绩进行评定。由学生阐述自己完成的设计,然后由老师提问,学生回答,根据平时学生的设计情况,完成的内容,对课题的工艺分析深入程度,工艺文件图的数量和图面的质量,独立工作能力,考勤、纪律及答辩表现进行综合衡量,给出课程设计成绩。

课程设计成绩定为:优、良、中、及格和不及格。

1.2.5 课程设计进度安排

学生应对课程设计进度作适当安排,内容见表1-1。

表1-1 课程设计进度表

序号	内容	所用时间(天)
1	明确任务,分析零件图	0.5
2	零件的工艺分析,制订工艺路线,绘制毛坯图及工艺过程卡片	1.5
3	余量、切削用量、工序尺寸、机械工时等的计算和查表,填写工序卡片	2

续表 1-1

序号	内容	所用时间(天)
4	编写工装设计任务书	1
5	拟定夹具方案,绘制原理图及草图	1
6	绘制夹具总图及零件图	2.5
7	编写课程设计计算说明书	1
8	设计成果收集上交与成绩评定	0.5
合计		10

第2章　机械加工工艺规程设计与案例

§2.1　机械加工工艺规程设计

2.1.1　工艺规程设计的基本要求

机械加工工艺规程是指导生产的重要技术文件，是一切有关的生产人员应严格执行认真贯彻的纪律性文件。制订机械加工工艺规程应满足以下基本要求：

(1)保证零件的加工质量，可靠地达到产品图纸所提出的全部技术条件，并尽量提高生产率和降低消耗。

(2)尽量降低工人的劳动强度，使其有良好的工作条件。

(3)在充分利用现有生产条件的基础上，采用国内外先进工艺技术。

(4)工艺规程应正确、完整、统一、清晰。

(5)工艺规程应规范、标准，其幅面、格式与填写方法以及所用的术语、符号、代号等应符合相应标准的规定。

(6)工艺规程中的计量单位应全部使用法定计量单位。

2.1.2　工艺规程设计的原始资料

零件图、生产纲领、每日班次和生产条件是工艺规程设计的主要原始资料，由这些资料确定了生产类型和生产组织形式之后，即可开始拟订工艺规程。

在制订机械加工工艺规程时，应具备下列原始资料：

(1)产品的整套装配图和零件图；

(2)产品的验收质量标准；

(3)产品的生产纲领；

(4)现有的生产条件(设计条件)；

(5)有关工艺标准、设备和工艺装备资料；

(6)国内外同类产品的生产技术发展情况。

2.1.3　工艺规程设计的内容及步骤

2.1.3.1　对零件(实物)进行工艺分析，画零件图

学生应首先对零件图和装配图进行工艺分析，着重了解以下内容：

(1)零件的性能、功用、工作条件；

(2)零件的材料和热处理要求；

(3)零件的确切形状和结构特点；

(4)零件的主要加工表面、主要技术要求和关键的技术问题；

(5)零件的结构工艺性，要从选材是否得当，尺寸标注和技术要求是否合理，加工的难易程度，成本高低，是否便于采用先进的、高效率的工艺方法等方面进行分析，对不合理之处可提出修改意见。

绘制零件图的过程也是分析和认识零件的过程，零件图应按机械制图国家标准精心绘制。除特殊情况经指导教师同意外，均按1:1比例绘出，零件图的标题栏统一采用标准格式。

2.1.3.2　根据生产纲领(生产类型)，确定工艺的基本特征

生产类型不同，零件和产品的制造工艺、所用设备及工艺装备、对工人的技术要求、采取的技术措施和达到的技术经济效果也会不同。

2.1.3.3　确定毛坯类型和制造方法，画毛坯图

(1)零件毛坯的类型对零件的机械加工工艺过程、材料消耗、加工劳动量等影响很大，故正确选择毛坯种类与制造方法非常重要。机械零件常用的毛坯类型见图2-1；各类毛坯的特点及其应用范围见表2-1。

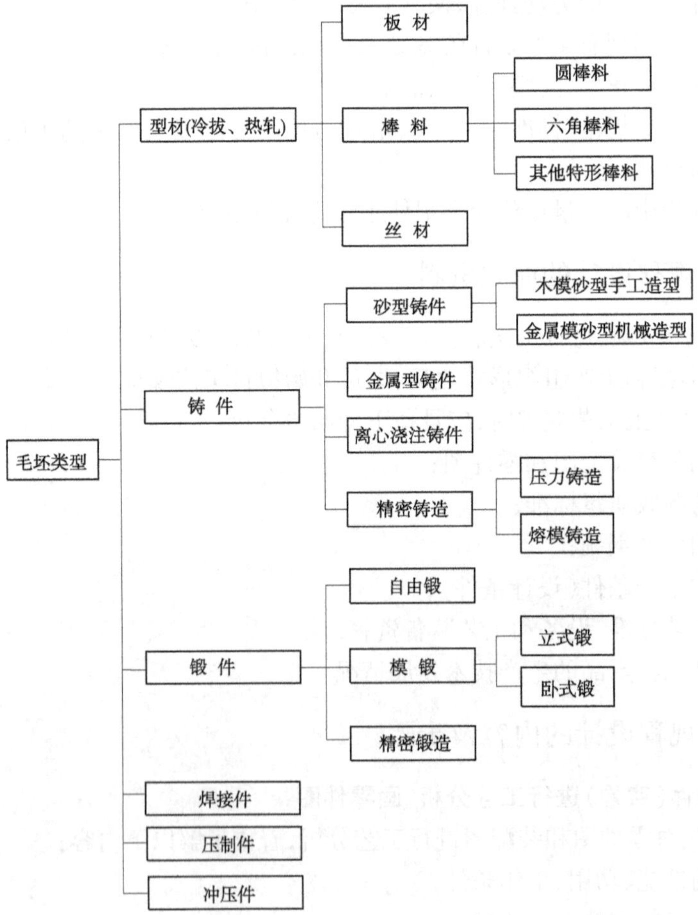

图2-1　毛坯类型

表 2-1　各类毛坯的特点及其应用范围

毛坯种类	制造精度(IT)	加工余量	原材料	工件尺寸	工件形状	适用生产类型	生产成本
型材		大	各种材料	大型	简单	各种类型	低
焊接件		一般	钢材	大、中型	较复杂	单件	低
砂型铸造	13 以上	大	以铸铁、青铜为主	各种尺寸	复杂	各种类型	较低
自由锻造	13 以下	大	以钢材为主	各种尺寸	较简单	单件小批	较低
普通模锻	11 ~ 15	一般	钢、锻铝、铜等	中、小型	一般	中批、大批量	一般
钢模铸造	10 ~ 12	较小	以铸铝为主	中、小型	较复杂	中批、大批量	一般
精密锻造	8 ~ 11	较小	钢材、锻铝等	小型	较复杂	大批量	较高
压力铸造	8 ~ 11	小	铸铁、铸钢、青铜	中、小型	复杂	中批、大批量	较高
熔模铸造	7 ~ 10	很小	铸铁、铸钢、青铜	小型为主	复杂	中批、大批量	高

(2)根据生产类型、零件结构、形状、尺寸、材料等选择毛坯制造方式,确定毛坯的精度。此时,若零件毛坯选用型材,则应确定其名称、规格;如为铸件,则应确定分型面、浇冒口的位置;若为锻件,则应确定锻造方式及分模面等。

(3)查阅有关的机械加工工艺手册,用查表法和计算法确定各表面的总余量及余量公差。

(4)绘制毛坯图(见图 2-2),步骤如下:

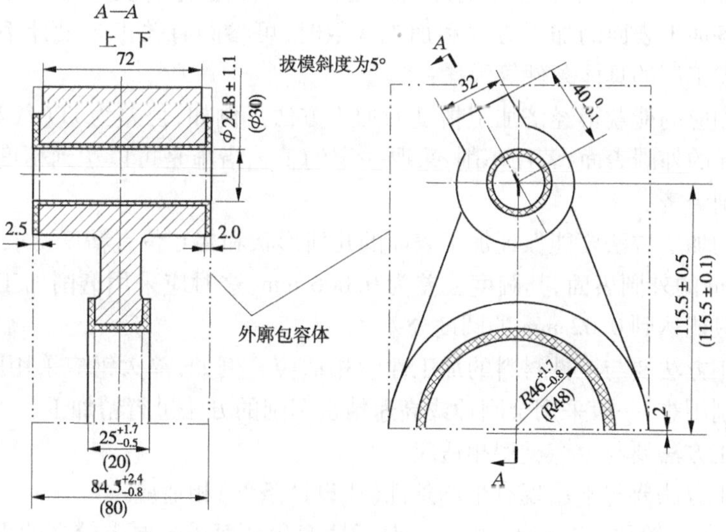

图 2-2　毛坯图

先用粗实线画出经过简化了次要细节的零件图的主要视图,将已确定的加工余量叠加在各相应被加工表面上,即得到毛坯轮廓,用双点画线表示。比例为 1:1。

和一般零件图一样,为表达清楚某些内部结构,可画出必要的剖视、断面图。对于由实体上加工出来的槽和孔,可不必这样表达。

在图上标出毛坯主要尺寸及公差，标出加工余量的名义尺寸。

标明毛坯技术要求，如毛坯精度、热处理及硬度、圆角尺寸、拔模斜度、表面质量要求（气孔、缩孔、夹砂）等。

2.1.3.4 拟订零件的机械加工工艺路线

零件的机械加工工艺过程是工艺规程设计的中心问题。要以“优质、高产、低消耗”为宗旨，设计时应拟出2～3个方案，经全面分析对比，选择出一个较合理的方案。

（1）选择定位基准。正确地选择定位基准是设计工艺过程的一项重要内容，也是保证零件加工精度的关键。

定位基准分为精基准、粗基准和辅助基准。在最初的加工工序中，只能用毛坯上未经加工的表面作为定位基准（粗基准）。在后续工序中，则使用已加工表面作为定位基准（精基准）。在制定工艺规程时，总是先考虑选择怎样的精基准以保证达到精度要求并把各个表面加工出来，然后再考虑选择合适的粗基准把精基准面加工出来。另外，为了使工件便于装夹和易于获得所需加工精度，可在工件上某部位作一辅助基准，用以定位。

应从零件的整个加工工艺过程的全局出发，在分析零件的结构特点、设计基准和技术要求的基础上，根据粗、精基准的选择原则，合理选择定位基准。

（2）确定各个加工表面的加工方案。确定工件各加工表面的加工方案是拟定工艺路线的重要问题。主要依据零件各加工表面的技术要求来确定，同时还要综合考虑到生产类型、零件的结构形状和加工表面的尺寸、工厂现有的设备情况、工件材质和毛坯情况等。

在明确了各主要加工表面的技术要求后，即可据此选择能保证该要求的最终加工方法，然后确定前面一系列准备工序的加工方法和顺序，再选定各次要表面的加工方法。

在确定各加工表面的加工方法和加工次数时，可参阅有关工艺设计手册中的资料，选择时应考虑工厂的具体条件等因素：

应选择相应的能获得经济加工精度的加工方法。例如，公差为IT7级和表面粗糙度R_a为0.4 μm的外圆表面，若用车削，采取一定的工艺措施是可以达到精度要求的，但就不如采用磨削经济。

所选择的加工方法要能保证加工表面的几何形状和相互位置精度要求，例如，加工直径为ϕ200 mm的外圆表面，其圆度公差为0.006 mm，这时应采用磨削加工，因为在普通车床上一般只能达到0.02 mm的圆度公差。

所选加工方法要与工件材料的加工性能相适应。例如，淬火钢应采用磨削加工而有色金属则磨削困难，一般采用金刚镗或高速精密车削的方法进行精加工。

所选加工方法要与生产类型相适应。

所选加工方法要与本厂现有生产条件（或设计条件）相适应。

（3）划分加工阶段，安排加工顺序。对于精度和表面质量要求较高的零件，应将机粗精加工分开进行，一般将整个工艺过程划分为粗加工阶段、半精加工阶段、精加工阶段和光整加工阶段。

安排加工顺序，应包括切削加工、热处理工序，以及检验、表面处理、去毛刺等辅助工序的安排。

机械加工顺序安排一般为：先粗后精、先面后孔、先主后次、基面先行，热处理按段穿插，检验按需安排。

（4）确定工序集中和分散倾向。安排完加工顺序之后，就可将各加工表面的每一次加工，按不同的加工阶段和先后的顺序组合成若干个工序。组合时可采用工序分散或工序集中的原则。

工序集中和分散各有特点，应根据生产纲领、技术要求、现场的生产条件（设计条件）和产品的发展情况来综合考虑。从发展角度来看，当前一般宜按工序集中原则来考虑。

（5）初拟加工工艺路线，根据前面已分析和确定的各方面问题，可初步拟订 2～3 个较完整、合理的该零件的加工工艺路线。

2.1.3.5 选择各工序所用的机床、夹具、刀具、量具和辅具

1. 机床的选择

零件的加工精度和生产率在很大程度上是由使用的机床所决定的。要根据已确定的工艺基本特征，结合零件的结构和质量要求，选择出既能保证加工质量，又经济合理的机床和工艺装备。这时应认真查阅有关手册或实地调查，应将选定的机床或工艺装备的有关参数记录下来，如机床型号、规格、工作台宽、T 形槽尺寸，刀具形式、规格、与机床连接关系，夹具、专用刀具设计要求，与机床的连接方式等，为后面填写工艺卡片和夹具（刀具、量具）设计做好必要准备，免得届时重复查阅。机床设备的选择应遵循以下原则：

（1）机床的加工尺寸范围应与工件外形轮廓尺寸相适应；

（2）机床的精度应与工序精度要求相适应；

（3）机床的生产率与工件的生产类型相适应；

（4）机床的选择应与现有设备条件相适应。

工艺装备的设计与选择应考虑以下因素：

（1）产品的生产纲领、生产类型及生产组织结构；

（2）产品的通用化程度及其寿命周期；

（3）工艺规程的特点；

（4）现有设备负荷的均衡情况和通用工艺装备的应用程度；

（5）成组技术的应用；

（6）安全技术要求；

（7）满足工艺装备设计的经济性原则，即在保证产品质量和生产效率的条件下，用完成工艺过程所需工艺装备的费用作为选择分析的基础，对不同方案进行比较，使工艺装备的制造费用及其使用维护费用最低。

2. 夹具的选择

夹具的选择要与工件的生产类型相适应，单件小批生产，应尽量选择通用夹具，如三爪自定心卡盘、平口虎钳、转台等。大批量生产时，应采用高效的专用夹具，如气、液传动的专用夹具。在推行计算机辅助制造、成组技术等新工艺时，应采用成组夹具、可调夹具、组合夹具，所选夹具的精度应与工件的加工精度相适应。

3. 刀具的选择

刀具的选择主要取决于各工序的加工方法、工件材料、加工精度、所用机床的性能、生产率及经济性等。选择时主要确定刀具的材料、型号、主要切削参数等。

在生产中，应尽量采用标准刀具，必要时可采用高效复合刀具和其他一些专用刀具。

4. 量具的选择

量具主要根据生产类型和所要求检验的精度来选择。单件小批量生产中应采用标准的通用量具，如卡尺、千分尺等，大批量生产中，一般应根据所检验的精度要求设计专用量具，如卡规、样柱等极限量规，以及各种专用检验仪器和检验夹具。

在选择工艺装备时，既要考虑适应性又要注意新技术的应用。当需要设计专用刀具、量具或夹具时，应提出设计任务书。

2.1.3.6 机械加工工序设计

1. 确定加工余量

毛坯余量（总余量）已在画毛坯图时确定，这里主要是确定工序余量。

合理选择加工余量对零件的加工质量和整个工艺过程的经济性都有很大影响。余量过大，则浪费材料及工时，增加机床和刀具的消耗；余量过小，则不能去掉加工前存在的误差和缺陷层，影响加工质量，造成废品。故应在保证加工质量的前提下尽量减少加工余量。

工序余量一般可用计算法、查表法或经验估计法三种方式来确定。可参阅有关机械加工工艺手册，用查表法和计算法按工艺路线的安排，逐工序、逐表面地加以确定。

2. 确定工序尺寸及其公差

计算各个工序加工时所应达到的工序尺寸及其公差是工序设计的主要工作之一。工序尺寸及其公差的确定与工序余量的大小、工序尺寸的标注方法、基准选择、中间工序安排等密切相关，就其性质和特点而言，一般可以归纳为以下两类：

(1)当定位基准（或工序基准）与设计基准重合时（如单纯孔与外圆表面的加工，单一平面加工等），某表面本身各次加工工序尺寸的计算。对于这类问题，当决定了各工序间余量和工序所能达到的加工精度后，就可以计算各工序的尺寸和公差。计算的顺序是从最后一道工序开始，由后向前推算。即将工序余量一层层地叠加在被加工表面上，可以清楚地看出每道工序的工序尺寸，再将每种加工方法的经济加工精度公差按“入体原则”标注在对应的工序尺寸上。例如，某一加工表面为 $\phi 100H6$ 孔，R_a 为 0.4 μm，其加工方案为粗镗—精镗—粗磨—精磨，可画出如图 2-3 所示的简图。

由机械加工工艺手册可查出各工序的加工余量和所能达到的经济精度，毛坯的公差可根据毛坯的生产类型、结构特点、制造方式和具体生产条件，参照手册确定。

(2)基准不重合时工序尺寸的计算。在零件的加工过程中，为了加工和检验方便可靠，或由于零件表面的多次加工等原因，往往不能直接采用设计基准为定位基准，形状较复杂的零件在加工过程中需要多次转换定位基准。这时工序尺寸的计算就比较复杂，应利用尺寸链原理来进行分析和计算，并对工序间余量进行必要的验算，以确定工序尺寸及其公差。

3. 确定切削用量

确定切削用量时，应在机床、刀具、加工余量等确定以后，综合考虑工序的具体内容、加工精度、生产率、刀具寿命等因素。

在单件小批量生产中，常不具体规定切削用量，而是由操作工人根据具体情况自己确定，以简化工艺文件。

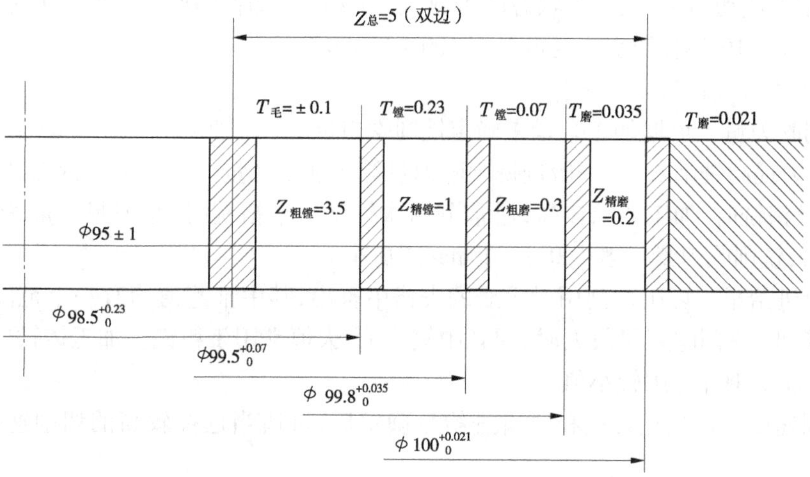

图 2-3 基准重合下工序尺寸与公差的确定

在大批量生产中，则应科学地、严格地选择切削用量，以充分发挥高效率设备的潜力和作用。

选择切削用量的基本原则是：首先选取尽可能大的背吃刀量（即切削深度）a_p；其次要根据机床动力和刚性限制条件或已加工表面粗糙度的规定等，选取尽可能大的进给量 f；最后利用切削用量手册选取或用公式计算确定最佳切削速度 v。下面介绍常用加工方法中切削用量的一般选择方法。

1）车削用量的选择

（1）切削深度。粗加工时，应尽可能一次切去全部加工余量，即选择切深值等于余量值。当余量太大时，应考虑工艺系统刚度和机床的有效功率，尽可能选取较大的切深和最少的工作行程数。

半精加工时，如单边余量 $h>2$ mm，则应分在两次行程中切除：第一次 $a_p=(2/3\sim3/4)/h$，第二次 $a_p=(1/3\sim1/4)/h$。如 $h\leq2$ mm，可一次切除。

精加工时，应在一次行程中切除精加工工序余量。

（2）进给量。切削深度选定后，进给量直接决定了切削面积，从而决定了切削力的大小。因此，允许选用的最大进给量受下列因素限制：①机床的有效功率和转矩；②机床进给机构传动链的强度；③工件的刚度；④刀具的强度与刚度；⑤图样规定的加工表面粗糙度。

生产实际中多利用金属切削用量手册，采用查表法确定合理的进给量。

（3）切削速度。在背吃刀量和进给量选定后，切削速度的选定是否合理，对切削效率和加工成本影响很大。一般方法是根据合理的刀具寿命计算或查表选定 v 值。

精加工时，应选取尽可能高的切削速度，以保证加工精度和表面质量，同时满足生产率的要求。

粗加工时，切削速度的选择，应考虑以下几点：①硬质合金车刀切削热轧中碳钢的平均切削速度为 1.67 m/s，切削灰铸铁的平均切削速度为 1.17 m/s，两者平均刀具寿命为 3 600～5 400 s；②切削合金钢时，相比切削中碳钢，切削速度要降低 20%～30%；③切削调质状态的钢件或切削正火、退火状态的钢料，切削速度要降低 20% ~30%；④切削有色金属时，相比切削中碳钢，切削速度可提高 100% ~300%。

2）铣削方式与铣削用量的选择

（1）铣削吃刀量。根据加工余量来确定铣削吃刀量。

粗铣时，为提高铣削效率，一般选铣削吃刀量等于加工余量。一个工作行程铣完。

半精铣及精铣时，加工要求较高，通常分两次铣削。半精铣时，吃刀量一般为 0.5 ~ 2 mm；精铣时，铣削吃刀量一般为 0.1 ~1 mm 或更小。

（2）每齿进给量。可由切削用量手册的表格中查出，其中推荐值均有一个范围，精铣或铣刀直径较小、铣削吃刀量较大时，用其中较小值，大值常用于粗铣。加工铸铁件时，用其中较大值，加工钢件时用较小值。

（3）铣削速度。铣削吃刀量和每齿进给量确定后，可适当选择较高的切削速度以提高生产率。

选择时，按公式计算或查切削用量手册，对大平面铣削也可参照国内外的先进经验，采用密齿铣刀、选大进给量、高速铣削，以提高效率和加工质量。

3）刨削用量的选择

（1）刨削吃刀量。刨削吃刀量的确定方法和车削基本相同。

（2）进给量。刨削进给量可按有关手册中车削进给量推荐值选用，粗刨平面根据切削深度和刀杆截面尺寸按粗车外圆选其较大值；精加工时按半精车、精车外圆选取；刨槽和切断按车槽和切断进给量选择。

（3）刨削速度。在实际刨削加工中，通常是根据实践经验选定切削速度。若选择不当，不仅生产率低，还会造成人力和动力的浪费。

刨削速度也可按车削速度公式计算，只不过考虑到冲击载荷，除如同车削时要考虑的诸项因素外，还要引入修正系数 $k_{冲}$（参阅有关手册）。

4）钻削用量的选择

钻削用量的选择包括确定钻头直径 D、进给量 f 和切削速度 v（或主轴转速 n）。应尽可能选大直径钻头，选大的进给量，再根据钻头的寿命选取合适的钻削速度，以取得高的钻削效率。

（1）钻头直径。钻头直径 D 由工艺尺寸要求确定，尽可能一次钻出所要求的孔。当机床性能不能胜任时，才采取先钻孔，再扩孔的工艺。这时，钻头直径取加工尺寸的（0.5 ~0.7）倍。

孔用麻花钻直径可参阅 JB/Z 228—85 选取。

（2）进给量。进给量 f 主要受到钻削吃刀量和机床进给机构、动力的限制，有时也受系统刚度的限制。标准麻花钻的进给量可查表选取。

采用先进钻头能有效地减小轴向力，往往能使进给量成倍提高。因此，进给量还必须根据实践经验和具体条件分析确定。

（3）钻削速度。钻削速度通常根据钻头寿命按经验选取。

4. 估算工时定额

工时定额目前主要是按经过生产实践验证而积累起来的统计资料来确定的（可参阅

有关手册)，随着工艺过程的不断改进，也需要相应地修订工时定额。

对于流水线和自动线，由于有规定的切削用量，工时定额可以部分通过计算，部分应用统计资料得出。

在计算出每一工序的单件时间后，还必须对各个工序的单件计算时间进行平衡，以最大限度地发挥各台机床的生产效率，达到较高的生产率，保证完成生产任务。具体方法是首先计算出零件的年生产纲领所要求的单件时间 T_d。

$$T_d = 60T\eta/N \quad (\text{min})$$

式中 T——年基本工时，h/年；

N——零件的年生产纲领，件/年；

η——设备负荷率，一般取 0.75 ~ 0.85。

将每个工序的单件计算时间 T_c 与 T_d 进行比较。对于 T_c 大于 T_d 的工序，可通过下列方法缩短 T_c 以达到平衡工序单件时间的目的。

若 T_c 大于 T_d 在一倍以内，可采用改用先进刀具、适当提高切削用量、采用高效加工方法缩短工作行程等措施，来缩短 T_c。

若 T_c 大于 T_d 二倍以上，则可采用增加顺序加工工序或增加平行加工工序的方法来成倍地提高生产率，缩短 T_c。

对于 T_c 小于 T_d 的工序，因其生产率较高，则可采用一般的通用机床及工艺装备，来降低成本。

2.1.3.7 技术经济分析

制订工艺规程时，在同样满足被加工零件的加工精度和表面质量的要求时，通常可以有几种不同的工艺路线，其中有的方案具有很高的生产率，但设备和工、夹具方面的投资较大，另一些方案则可能投资节省，但生产率较低。因此，不同的工艺路线就有不同的经济效果。为了选取在给定的生产条件下最经济合理的方案，应对已拟订的至少两个工艺路线进行技术经济分析和评比。

2.1.3.8 填写工艺文件

工艺规程制订后，要以表格或卡片的形式确定下来，以便指导工人操作和用于生产、工艺管理。

机械加工工艺规程卡片的种类很多，如机械加工工艺过程卡片、机械加工工序卡片等。在单件小批量生产中，一般只填写简单的工艺过程卡片；在大批量生产中，每个零件的每个工序还都要有工序卡片；成批生产中只要求主要零件的每个工序有工序卡片，而一般零件仅是关键工序有工序卡片。

机械加工工艺过程卡片和机械加工工序卡片应按照 JB/Z 187.3—88 中规定的格式及原则填写。

2.1.3.9 审核

在拟订完成机械加工工艺规程各步骤后，应对整个工艺规程进行一次全面的审核。首先应按各项内容审核设计的正确性和合理性，如基准的选择、加工方法的选择是否正确、合理，加工余量、切削用量等工艺参数是否合理，工序图等图样是否完整、准确等。此外，还应审查工艺文件是否完整、全面，工艺文件中各项内容是否符合相应各种标准的规定。

§2.2　东风－12 卡车倒挡拨叉零件的工艺设计

该题目难度中等，便于学生认真思考，编出合理的工艺路线和选择一定难度的工艺装备，提出设计任务书或进行设计。题目来自于企业实际产品，与岗位联系密切，有利于学生毕业后顶班工作。

设计时每组学生 4～5 人，做一个题目，各个学生所设计的工序与工艺装备应不相同，以便相互研究，避免相互抄袭。

2.2.1　设计任务书

__________系

机械制造技术课程设计任务书

设计题目："I 倒挡拨叉"零件的机械加工工艺规程的设计

生产纲领：10 000 台/年，1 件/台；每日 1 班。

内容：1. 零件图　　1 张

2. 毛坯图　　1 张

3. 机械加工工艺过程卡片　　1 张

4. 机械加工工序卡片　　1 份

5. 提出夹具设计任务书

6. 说明书　　1 份

班级：________ 学生：________ 学号：________

指导教师：________

教研室主任：________

____年____月____日

2.2.2　拨叉零件的工艺分析

2.2.2.1　零件分析

如图 2-4 所示，是东风－12 运输车的变速箱中 I 倒挡拨叉，与操纵机构的其他零件结合，用它拨动滑动齿轮，实现倒车。ϕ14H9 为配合面，有较高精度。槽 14H13 为滑块拨动的配合表面。T_1、T_2 为与滑动齿轮接触之表面。

2.2.2.2　零件工艺分析

该零件是叉架类零件，形状不规则，尺寸精度、形位精度要求均较高，零件的主要技术要求分析如下：

(1) T_1、T_2 两表面对 ϕ14H9 孔轴线垂直度摆差不大于 0.1 mm，主要是保证拨叉面能正确地安装在变速箱的倒挡轴上，拨叉利用弹簧、滚珠在轴上进行定位，因此必须保证 $\phi 8.7^{+0.1}_{0}$ mm 孔及拨叉槽的尺寸精度。

T_1、T_2 面与不加工腹板 5 mm 的平均尺寸为 0.5 mm，应注意保持有一定的台面。

拨叉在操纵时轴向移动灵活，T_1、T_2 表面受力均匀。

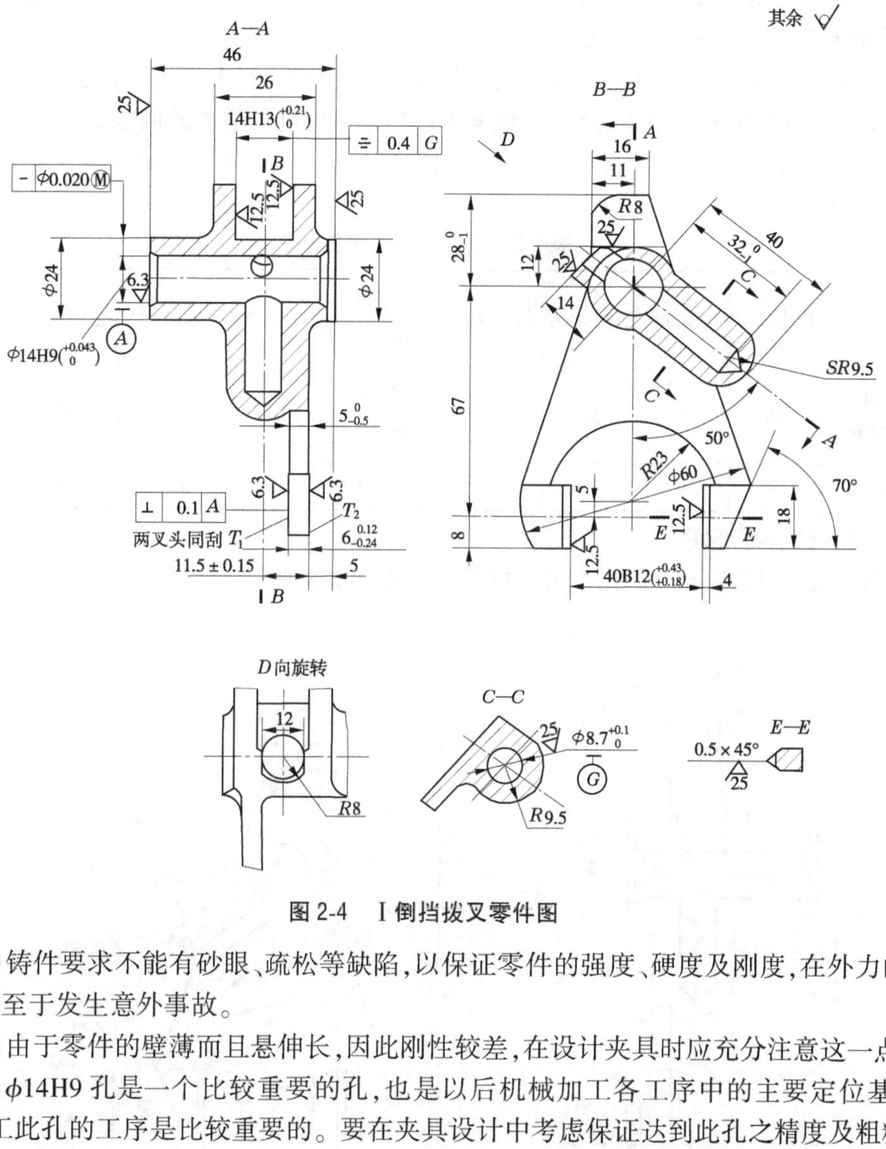

图 2-4　Ⅰ倒挡拨叉零件图

(2)铸件要求不能有砂眼、疏松等缺陷,以保证零件的强度、硬度及刚度,在外力的作用下,不至于发生意外事故。

(3)由于零件的壁薄而且悬伸长,因此刚性较差,在设计夹具时应充分注意这一点。

(4)ϕ14H9 孔是一个比较重要的孔,也是以后机械加工各工序中的主要定位基准。因此加工此孔的工序是比较重要的。要在夹具设计中考虑保证达到此孔之精度及粗糙度的要求。

2.2.3　确定拨叉毛坯尺寸,绘制毛坯图

2.2.3.1　选择毛坯类型

由于零件的结构比较复杂,又是薄壁件,所以采用金属型铸造。工件材料为KTH350-10,毛坯的尺寸精度要求为 IT11~IT12 级。

2.2.3.2　确定拨叉毛坯尺寸

Ⅰ倒挡拨叉是东风-12 农用运输车变速箱中的一个零件,其材料为 KTH350-10。由于产品的形状复杂,生产纲领是成批生产,所以毛坯选用金属型铸造。毛坯铸出后应进行退火处理,以消除铸件在铸造过程中产生的内应力。

由文献[1]表 2.2-6,该种铸件的尺寸公差等级 CT 为 7~9 级,加工余量等级 MA 为 F 级,故取 CT 为 9 级,MA 为 F 级。

由文献[1]表 2.2-5,可用查表法确定各表面的总余量,但由于用查表法所确定的总余量与生产实际情况有些差距,故还应根据工厂具体情况进行适当的调整。

由文献[1]表 2.2-9 可查出铸件主要尺寸的公差,现将调整后的主要毛坯尺寸及公差,列入表 2-2。

表 2-2 主要毛坯尺寸及公差 (单位:mm)

主要面尺寸	零件尺寸	总余量	毛坯尺寸	公差 CT	主要面尺寸	零件尺寸	总余量	毛坯尺寸	公差 CT
ϕ24 两端面	46	3+3	52	2	14H13 槽面	14	2+2	10	1.6
两脚面	6	2+2	10	1.5	叉脚开挡	40	3+3	34	2

2.2.3.3 绘制毛坯图

按表 2-2 可绘制出 I 倒挡拨叉铸件毛坯图如图 2-5 所示。

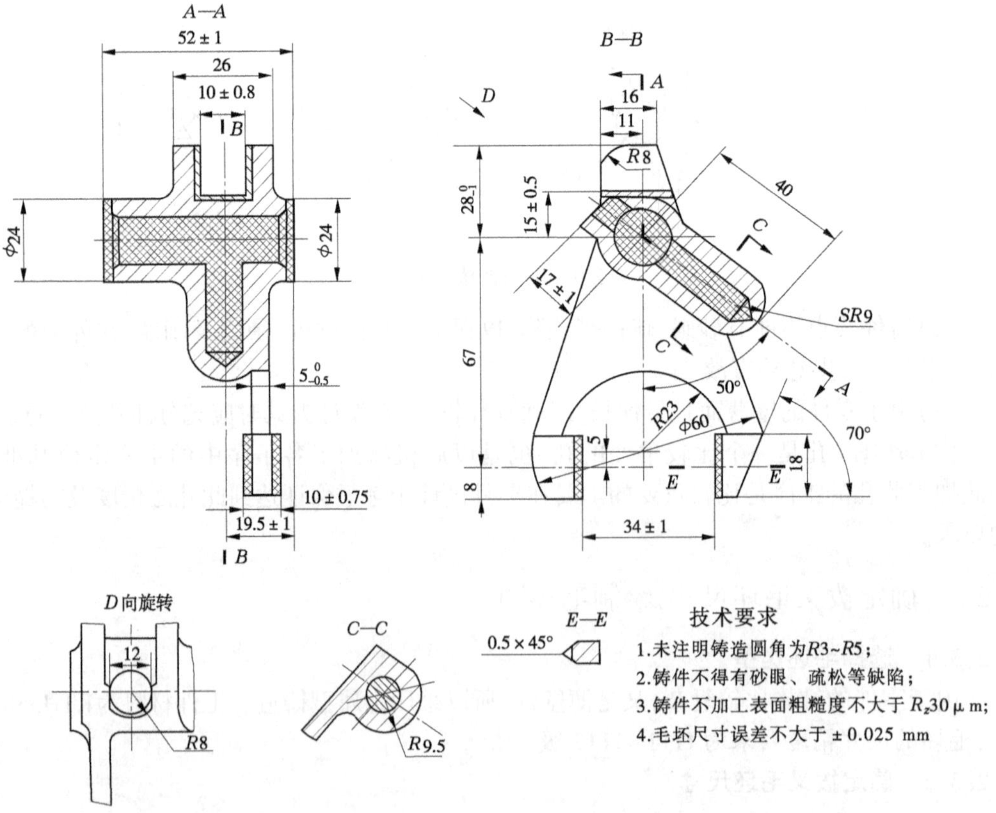

图 2-5 I 倒挡拨叉铸件毛坯图

2.2.4 工艺规程设计

2.2.4.1 基准的选择

根据零件图纸及零件的使用情况分析，知 ϕ14H9 孔、槽宽、叉子面厚、叉子面与腹板的距离等均应通过正确的定位才能保证，故对基准的选择应予以分析。

（1）粗基准的选择。按照粗基准的选择原则，为保证不加工表面和加工表面的位置要求，应选择不加工表面为粗基准，故此处选择 5 mm 厚的腹板右侧为第一粗基准；在加工 ϕ14H9 孔时，为保证孔壁均匀，选择 ϕ24 mm 的外圆表面为第二粗基准。

（2）精基准的选择。在 ϕ14H9 孔加工以后，各工序则以该孔为定位精基准，从靠近叉脚的 ϕ24 mm 端面为轴向尺寸的定位精基准。这样就满足了基准重合的原则和互为基准的原则。在加工某些表面时，可能会出现基准不重合的情况，这时需要进行尺寸链的换算。

2.2.4.2 工艺路线的制定

为保证达到零件的几何形状、尺寸精度、位置精度及各项技术要求，必须制定合理的工艺路线。

由于生产纲领为成批生产，所以采用通用机床配以专用的工、夹、量具，并考虑工序集中，以提高生产率和减少机床数量，使生产成本下降。故此拟订如下两个工艺方案：

工艺路线方案一

精铸，退火

工序：

（1）钻孔刮端面。

（2）拉孔。

（3）车端面。

（4）粗铣脚面。

（5）铣开挡。

（6）铣槽。

（7）钻孔。

（8）精铣脚面。

工艺路线方案二

精铸，退火

工序：

（1）铣两端面。

（2）钻、扩、倒角。

（3）倒角。

（4）粗铣脚面。

（5）铣开挡。

（6）铣槽。

（7）钻孔。

（8）精铣脚面。

1. 方案比较

两个工艺方案中除前 3 道工序不同外,后面的工序都相同,而前 3 道工序是为了获取精基准。方案一是用车削的方法,在车端面的同时将孔一并完成,这样能很好地保证孔与端面的垂直度;方案二是先铣两个端面,然后在钻床上加工出孔,因为两个端面一次铣出,可以有较好的平行度,然后用端面定位,用滑柱钻模的钻套定中心,用钻模板直接压紧,也能得到较好的孔与端面的垂直度。

后面的工序均以孔及端面定位,故基准是重合的,两方案在这点是相同的。

2. 工艺方案确定

选择方案时还应考虑工厂的具体条件等因素,如设备,能否借用工、夹、量具等。本次设计选择工艺路线方案一。根据工序方案一制定出详细的工序划分如下:

毛坯为精铸件,清理后,退火处理,以消除铸件的内应力及改善机械加工性能,在毛坯车间调整拨叉爪变形,铣去浇冒口,达到毛坯的技术要求,然后送到机械加工车间来加工。

2.2.4.3 工序设计

工序设计如下:

(1)钻 ϕ13.5 mm 孔刮 ϕ24 mm 端面。

(2)拉 ϕ14H9 mm 孔。

(3)车端面,倒角。

(4)车端面,倒角。

(5)整形。

(6)粗铣脚面。

(7)铣开挡。

(8)铣槽。

(9)铣面。

(10)钻 ϕ8.7 mm 孔。

(11)去毛刺。

(12)精铣脚面。

(13)倒角,去毛刺。

(14)检验。

2.2.4.4 编写机械加工工艺过程卡和工序卡

根据此工序安排,编出机械加工工艺过程卡及工序卡片,见附表 1-1 机械加工工艺过程卡;附表 1-2 ~ 附表 1-15 为机械加工工序卡。

2.2.4.5 机械加工余量、工序尺寸及时间定额的确定

1. 钻、拉 ϕ14 mm 孔

该孔由高速钢钻头钻出底孔后,再由圆孔拉刀拉出。由文献[1]表 2.3-52,得拉孔的余量为 0.5 mm,故钻孔的余量为 $Z_{钻} = \dfrac{14 - 0.5}{2} = 6.75$ (mm)。

钻孔:工序尺寸及公差为 $\phi 13.5^{+0.12}_{0}$ mm。

拉孔:工序尺寸及公差为 ϕ14H9($^{0}_{+0.043}$) mm。

由文献[1]表2.4-38，取钻孔的进给量$f=0.4$ mm/r；又由文献[1]表2.4-41，用插入法求得钻孔时的切削速度$v_c=0.4675$ m/s = 28.05 m/min。由此算出转速为：

$$n=\frac{1\,000v_c}{\pi D}=\frac{1\,000\times 28.05}{\pi\times 13.5}=661.4\ (\text{r/min})$$

按车床的实际转速取$n=720$ r/min，则实际切削速度为：

$$v_c=\frac{\pi Dn}{1\,000}=\frac{\pi\times 13.5\times 720}{1\,000}=30.5\ (\text{m/min})$$

由文献[1]表2.4-69得

$$F=9.81\times 43.3\times d_0\times f^{0.8}\times K_F$$

$$M=9.81\times 0.021\times d_0^2\times f^{0.8}\times K_M$$

因为加工可锻铸铁时$K_F=K_M$，且由文献[1]表2.4-47，可查得$K_F=0.92$，故

$$F=9.81\times 43.3\times 13.5\times 0.4^{0.8}\times 0.92=2\,535\ (\text{N})$$

$$M=9.81\times 0.021\times 13.52^2\times 0.4^{0.8}\times 0.92=16.6\ (\text{N}\cdot\text{m})$$

它们均小于机床所能提供的进给力和扭转力矩，故机床刚度足够。

2. 加工脚面

脚面由粗铣、精铣两次加工完成，采用三面刃圆盘铣刀（高速钢），铣刀规格为ϕ120 mm×12 mm。由文献[1]表2.3-59，查得精加工余量为1 mm，由于两脚面较小，根据实际情况将其圆整为0.35 mm，故其粗加工余量为(2.75 − 0.35) mm = 2.4 mm。由文献[1]表2.4-73，取粗铣的每齿进给量为0.2 mm/齿，取精铣的每转进给量为0.5 mm/r，粗铣走刀一次$a_p=2.4$ mm，精铣走刀一次$a_p=0.35$ mm。由文献[1]表3.1-74，取粗、精铣的主轴转速分别为150 r/min和300 r/min，又由前面选定的刀具直径ϕ120 mm，故相应的切削速度分别为：

$$v_{粗}=\frac{\pi Dn}{1\,000}=\frac{\pi\times 120\times 150}{1\,000}=56.5\ (\text{m/min})$$

$$v_{精}=\frac{\pi Dn}{1\,000}=\frac{\pi\times 120\times 350}{1\,000}=113.9\ (\text{m/min})$$

校核机床功率（只须校核粗加工即可），由文献[1]表2.4-96，切削功率P_m：

$$P_m=92.4\times 10^{-5}d_0^{0.14}a_e^{0.86}a_f^{0.72}a_pZnK_{pm}$$

取$Z=16$，$n=\frac{150}{60}=2.5$ r/s，$a_e=18$ mm，$a_f=0.2$ mm/z，$a_p=2.4$ mm，而$K_{pm}=K_V\cdot K_{FZ}$。由文献[1]表2.4-94可知$K_V=1$，$K_{FZ}=1$，故$K_{pm}=1$，所以

$$P_m=92.4\times 10^{-5}\times 120^{0.14}\times 18^{0.86}\times 0.2^{0.72}\times 2.4\times 16\times 2.5\times 1=0.65\ (\text{kW})$$

其所消耗的功率远小于机床功率，故可用。

3. 加工14H13三槽面

14H13的粗磨可用变速钢三面刃铣刀加工，由前定余量为2 mm，故可一次铣出，铣刀规格为ϕ125 mm×14H13 mm。

由文献[1]表2.4-73，取每齿进给量为0.15 mm/齿，$a_p=2$ mm，由文献[1]表3.1-74，取主轴转速为190 r/min，则相应的切削速度为：

$$v_c = \frac{\pi Dn}{1\ 000} = \frac{\pi \times 125 \times 190}{1\ 000} = 74.6\ (\text{m/min})$$

4. 加工开挡

开挡面余量为 3 mm，也可用变速钢三面刃铣刀一次铣出，铣刀规格为 ϕ120 mm × 12 mm。由文献[1]表 2.4-73，取每齿进给量为 0.15 mm/齿，a_p = 2 mm，由文献[1]表 3.1-74，取主轴转速为 190 r/min，则相应的切削速度为：

$$v_c = \frac{\pi Dn}{1\ 000} = \frac{\pi \times 120 \times 190}{1\ 000} = 71.6\ (\text{m/min})$$

5. 加工 $\phi 8.7^{+0.10}_{0}$ mm 孔

采用直径为 ϕ8.7 mm 的高速钢钻头加工，尺寸 16.5 ± 0.06 mm 由钻模保证。由文献[1]表 2.4-38，取进给量 f = 0.3 mm/r，由文献[1]表 2.4-41，用插入法得钻孔 ϕ8.7 mm 孔的切削速度为 v_c = 0.457 m/s = 27.42 m/min，由此算出转速为：

$$n = \frac{1\ 000 v_c}{\pi D} = \frac{1\ 000 \times 27.42}{\pi \times 8.7} = 1\ 003\ (\text{r/min})$$

按机床实际转速取 n = 1 000 r/min，则实际切削速度为：

$$v_c = \frac{\pi Dn}{1\ 000} = \frac{\pi \times 8.7 \times 1\ 000}{1\ 000} = 27.33\ (\text{m/min})$$

6. ϕ24 mm 两端面的加工

两端面的加工由车削来完成，工序余量为 3 mm，由文献[1]表 2.4-3，可得 f = 0.4 mm/r，a_p = 3 mm，由文献[1]表 3.1-18，可得：n = 750 r/min，则相应的切削速度为：

$$v_c = \frac{\pi Dn}{1\ 000} = \frac{\pi \times 24 \times 750}{1\ 000} = 56.5\ (\text{m/min})$$

7. 时间定额计算

根据设计要求，只计算指导教师指定的一道工序。下面计算 110 工序钻 ϕ8.7 mm 孔的时间定额。

1）机动时间

钻孔的计算公式为：

$$t = \frac{l + l_1 + l_2}{fn}$$

式中：$l_1 = \frac{D}{2}\cot K_r + (1 \sim 2)$；$l_2 = 1 \sim 4$ mm，钻盲孔时，$l_2 = 0$；l = 46 mm，f = 0.3 mm/r；n = 1 000 r/min。

$$l_1 = \frac{8.7}{2}\cot\left(\frac{118°}{2}\right) + 1.5 = 6.7\ (\text{mm})$$

所以

$$t = \frac{46 + 6.7 + 0}{0.3 \times 1\ 000} = 0.177\ 3\ (\text{min})$$

$$T_b = 2t = 2 \times 0.177\ 3 = 0.355\ (\text{min})$$

2）辅助时间

由文献[1]表 2.5-41，可确定开停车时间为 0.015 min，升降钻杆时间为 0.015 min，主轴运转时间为 0.02 min，清除铁屑时间为 0.04 min，卡尺测量时间为 0.1 min，装卸工件

时间由文献[1]表 2.5-42 取 1 min,所以辅助时间为:

$$T_a = 0.015 + 0.015 + 0.02 + 0.04 + 0.1 + 1 = 1.19\ (\text{min})$$

3)作业时间

$$T_B = T_b + T_a = 0.355 + 1.19 = 1.545\ (\text{min})$$

4)丈量工作场地时间

由文献[5]取 $\alpha = 3\%$,则:

$$T_s = T_B\alpha = 1.545 \times 3\% = 0.046\ 35\ (\text{min})$$

5)休息与生理时间

由文献[5],取 $\beta = 3\%$ 则:

$$T_r = T_B\beta = 1.545 \times 3\% = 0.046\ 35\ (\text{min})$$

6)准备与终结时间

由文献[1]表 2.5-44,取部分时间为:简单件 26 min,深度定位 0.3 min,使用钻模 6 min,由设计给定 10 000 件,则:

$$T_e/n = (26 + 0.3 + 6)/10\ 000 = 0.003\ 23\ (\text{min})$$

7)单件时间

$$T_d = T_b + T_a + T_s + T_r = 0.355 + 1.19 + 0.046\ 35 + 0.046\ 35 \approx 1.638(\text{min})$$

8)单件计算时间

$$T_c = T_d + T_e/n = 1.638 + 0.003\ 23 \approx 1.65(\text{min})$$

§2.3 解放牌汽车传动轴万向节滑动叉零件的工艺设计

2.3.1 设计任务书

________系

机械制造技术课程设计任务书

设计题目:"万向节滑动叉"零件的机械加工工艺规程的设计

生产纲领:2 000 台/年,2 件/台;每日 1 班。

内容:1. 零件图　　1 张

2. 毛坯图　　1 张

3. 机械加工工艺过程卡片　　1 张

4. 机械加工工序卡片　　1 份

5. 提出夹具设计任务书

6. 说明书　　1 份

班级:________ 学生:________ 学号:________

指导教师:________

教研室主任:________

____年____月____日

2.3.2 滑动叉零件的工艺分析

2.3.2.1 零件分析

给定的零件如图 2-6 所示，是解放牌汽车底盘传动轴上的万向节滑动叉，它位于传动轴的端部。主要作用一是传递扭矩，使汽车获得前进的动力；二是当汽车后桥钢板弹簧处在不同的状态时，由本零件可以调整传动轴的长短及其位置。零件的两个叉头部位上有两个 $\phi39^{+0.027}_{-0.010}$ mm 的孔，用以安装滚针轴承并与十字轴相连，起万向联轴节的作用。零件 $\phi65$ mm 外圆内为 $\phi50$ mm 花键孔与传动轴端部的花键轴相配合，用于传递动力之用。

2.3.2.2 零件工艺分析

万向节滑动叉共有两组加工表面，它们相互间有一定的位置要求。现分述如下：

(1)以 $\phi39$ mm 孔为中心的加工表面。这一组加工表面包括：两个 $\phi39^{+0.027}_{-0.010}$ mm 的孔及其倒角，尺寸为 $118^{\ 0}_{-0.010}$ mm 与两个孔 $\phi39^{+0.027}_{-0.010}$ mm 相垂直的平面，还有在平面上的四个 M8 螺孔。其中，主要加工表面为 $\phi39^{+0.027}_{-0.010}$ mm 的两个孔。

(2)以 $\phi50$ mm 花键孔为中心的加工表面。这一组加工表面包括：$\phi50^{+0.039}_{\ 0}$ mm 十六齿方齿花键孔，$\phi55$ mm 阶梯孔，以及 $\phi65$ mm 的外圆表面和 M60 × 1 mm 的外螺纹表面。

这两组加工表面之间有着一定的位置要求，主要是：

$\phi50^{+0.039}_{\ 0}$ mm 花键孔与 $\phi39^{+0.027}_{-0.010}$ mm 两孔中心联线的垂直度公差为 100∶0.2；$\phi39$ mm 两孔外端面对 $\phi39$ mm 孔垂直度公差为 0.1 mm；

$\phi50^{+0.039}_{\ 0}$ mm 花键槽宽中心线与 $\phi39$ mm 中心线偏转角度公差为 2°。

由以上分析可知，对于这两组加工表面而言，可以先加工其中一组表面，然后借助于专用夹具加工另一组表面，并且保证它们之间的位置精度要求。

2.3.3 确定滑动叉毛坯尺寸、绘制毛坯图

2.3.3.1 选择毛坯类型

零件材料为 45 钢。考虑到汽车在运行中要经常加速及正、反向行驶，零件在工作过程中则经常承受交变载荷及冲击性载荷，因此应该选用锻件，以使金属纤维尽量不被切断，保证零件工作可靠。由于零件年产量为 4 000 件，已达到大批生产的水平，而且零件的轮廓尺寸不大，故可采用模锻成型。这对提高生产率、保证加工质量也是有利的。

2.3.3.2 确定滑动叉加工余量、工序尺寸及毛坯的尺寸

“万向节滑动叉”零件材料为 45 钢，硬度 HBS 为 207 ~ 241，毛坯重量约为 6 kg，生产类型为大批生产，采用在锻锤上合模模锻毛坯。

根据上述原始资料及加工工艺，分别确定各加工表面的机械加工余量、工序尺寸及毛坯尺寸如下：

(1)外圆表面($\phi62$ mm 及 M60 × 1 mm)。考虑其加工长度为 90 mm，与其联结的非加工外圆表面直径为 $\phi65$ mm，为简化模锻毛坯的外形，现直接取其外圆表面直径为 $\phi65$ mm。$\phi62$ mm 表面为自由尺寸公差，表面粗糙度值要求为 R_z200 μm，只要求粗加工，此时直径余量 $2Z = 3$ mm 已能满足加工要求。

(2)外圆表面沿轴线长度方向的加工余量及公差(M60 × 1 mm 端面)。查《机械制造

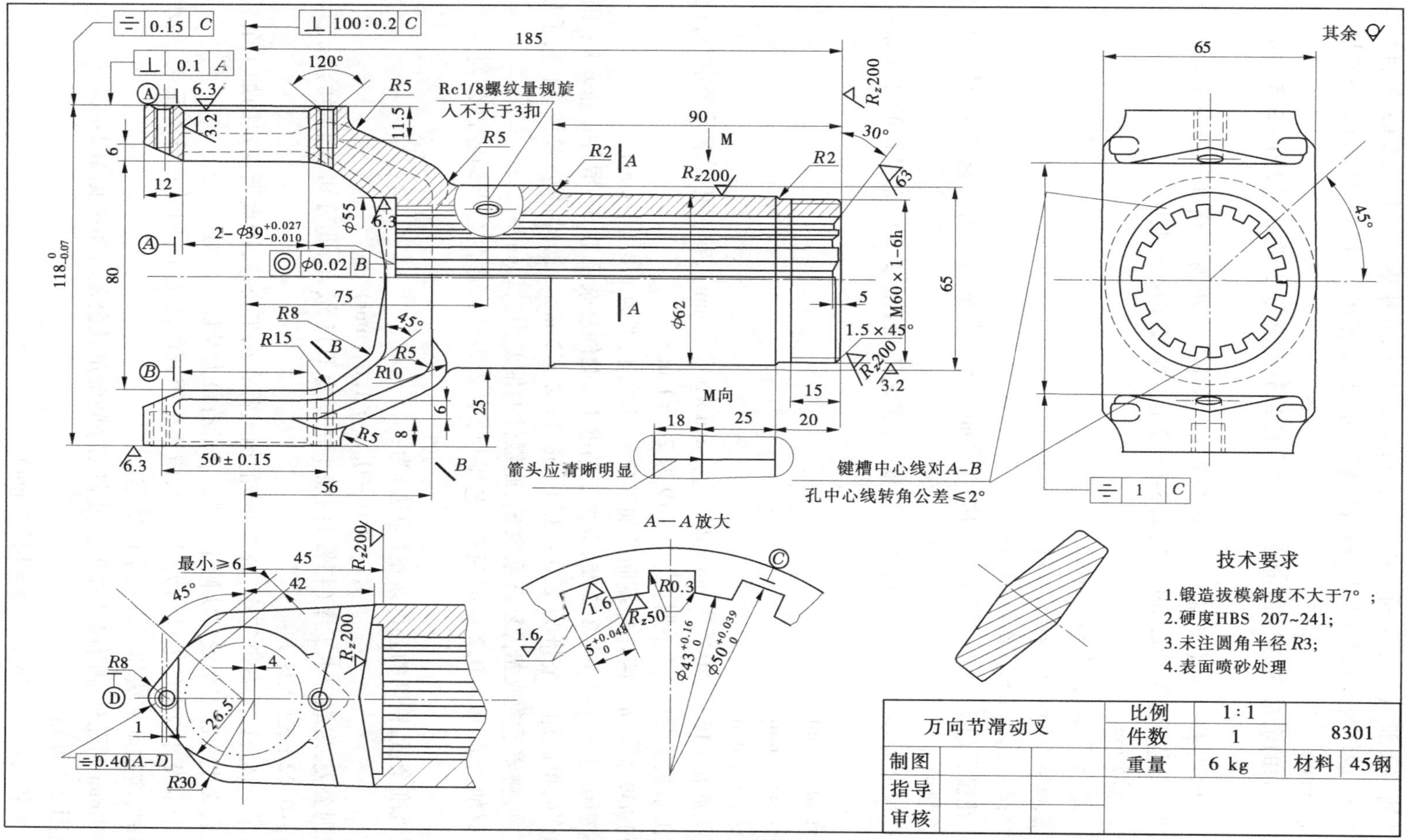

图2-6 万向节滑动叉零件图

工艺设计简明手册》(以下简称《工艺手册》)表 2.2-14,其中锻件重量为 6 kg,锻件复杂形状系数为 S_1,锻件材质系数取 M_1,锻件轮廓尺寸(长度方向) >180 ~ 315 mm,故长度方向偏差为 $^{+1.5}_{-0.7}$ mm。

长度方向的余量查《工艺手册》表 2.2 ~ 表 2.5,其余量值规定为 2.0 ~ 2.5 mm,现取 2.0 mm。

(3)两内孔 ϕ39 mm(叉部)。毛坯为实心,不冲孔。两内孔精度要求介于 IT7 ~ IT8 之间,参照《工艺手册》表 2.3-9 及表 2.3-12 确定工序尺寸及余量为:

钻孔:ϕ25 mm

扩孔:ϕ38.7 mm,$2Z = 1.7$ mm

精镗:ϕ38.9 mm,$2Z = 0.2$ mm

细镗:$\phi 39^{+0.027}_{-0.010}$ mm,$2Z = 0.1$ mm

(4)花键孔($16 - \phi 50^{+0.039}_{0}$ mm $\times \phi 43^{+0.36}_{0}$ mm $\times 5^{+0.048}_{0}$ mm)。要求花键孔为外径定心,故采用拉削加工。

内孔尺寸为 $\phi 43^{+0.36}_{0}$ mm;见图样。参照《工艺手册》表 2.3-9 确定孔的加工余量分配:

钻孔:ϕ25 mm

钻孔:ϕ41 mm

扩钻:ϕ42 mm

拉花键孔 ($16 - \phi 50^{+0.39}_{0}$ mm $\times \phi 43^{+0.36}_{0}$ mm $\times 5^{+0.048}_{0}$ mm),花键孔要求外径定心,拉削时的加工余量参照《工艺手册》表 2.3-19 取 $2Z = 1$ mm。

(5)$\phi 39^{+0.027}_{-0.010}$ mm 两孔外端面的加工余量(计算长度为 $118^{\ 0}_{-0.07}$ mm):

①按照《工艺手册》表 2.2-25,取加工精度 F_2,锻件复杂系数 S_3,锻件重量 6 kg,则两孔外端面的单边加工余量为 2.0 ~ 3.0 mm,取 $Z = 2$ mm。锻件的公差按《工艺手册》表 2.2-14,材质系数取 M_1,复杂系数 S_3,则锻件的偏差为 $^{+1.3}_{-0.7}$ mm。

②磨削余量:单边 0.2 mm(见《工艺手册》表 2.3-21),磨削公差即零件公差为 0.07 mm。

③铣削余量:铣削的公称余量(单边)为:

$$Z = 2.0 - 0.2 = 1.8\ (\text{mm})$$

铣削公差:现规定本工序(粗铣)的加工精度为 IT11 级,因此可知本工序的加工尺寸偏差为 -0.22 mm(入体方向)。

由于毛坯及以后各道工序(或工步)的加工都有加工公差,因此所规定的加工余量其实只是名义上的加工余量。实际上,加工余量有最大及最小之分。

由于本设计规定的零件为大批生产,应该采用调整法加工,因此在计算最大、最小加工余量时,应按调整法加工方式予以确定。

ϕ39 mm 两孔外端面尺寸加工余量和工序间余量及公差分布图见图 2-7。

由图 2-7 可知:

毛坯名义尺寸:$118 + 2 \times 2 = 122$ (mm)

毛坯最大尺寸:$122 + 1.3 \times 2 = 124.6$ (mm)

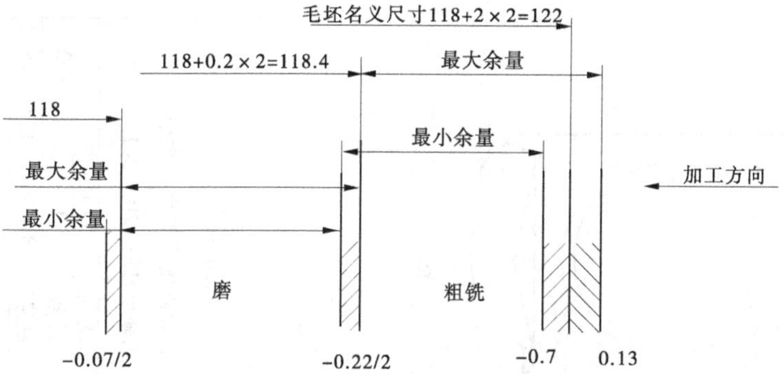

图 2-7　ϕ39 孔外端面工序间尺寸公差分布(调整法)

毛坯最小尺寸:122 - 0.7 × 2 = 120.6 (mm)

粗铣后最大尺寸:118 + 0.2 × 2 = 118.4 (mm)

粗铣后最小尺寸:118.4 - 0.22 = 118.18 (mm)

磨后尺寸与零件图尺寸相同,即 $118_{-0.07}^{0}$ mm。

最后,将上述计算的工序间尺寸及公差整理成表 2-3。

表 2-3　加工余量计算表　(单位:mm)

工序加工尺寸公差		锻件毛坯(ϕ39 两端面,零件尺寸 $118_{-0.07}^{0}$)	粗铣两端面		磨二
加工前尺寸	最大		124.6		118.4
	最小		120.6		118.18
加工后尺寸	最大	124.6	118.4		118
	最小	120.6	118.18		117.93
加工余量(单边)		2	最大	3.1	0.2
			最小	1.21	0.125
加工公差(单边)		+1.3 -0.7	-0.22/2		-0.07/2

2.3.3.3　绘制毛坯图

按表 2-3 绘制万向节滑动叉的锻件毛坯图,见图 2-8。

2.3.4　工艺规程设计

2.3.4.1　基准选择

(1)粗基准的选择。对于一般的轴类零件而言,以外圆作为粗基准是完全合理的。但对本零件来说,如果以 ϕ65 mm 外圆(或 ϕ62 mm 外圆)表面作基准(四点定位),则可能造成这一组内外圆柱表面与零件的叉部外形不对称。按照有关粗基准的选择原则(即当零件有不加工表面时,应以这些不加工表面作粗基准;若零件有若干个不加工表面时,则应以与加工表面要求相对位置精度较高的不加工表面作为粗基准),现选取叉部两个

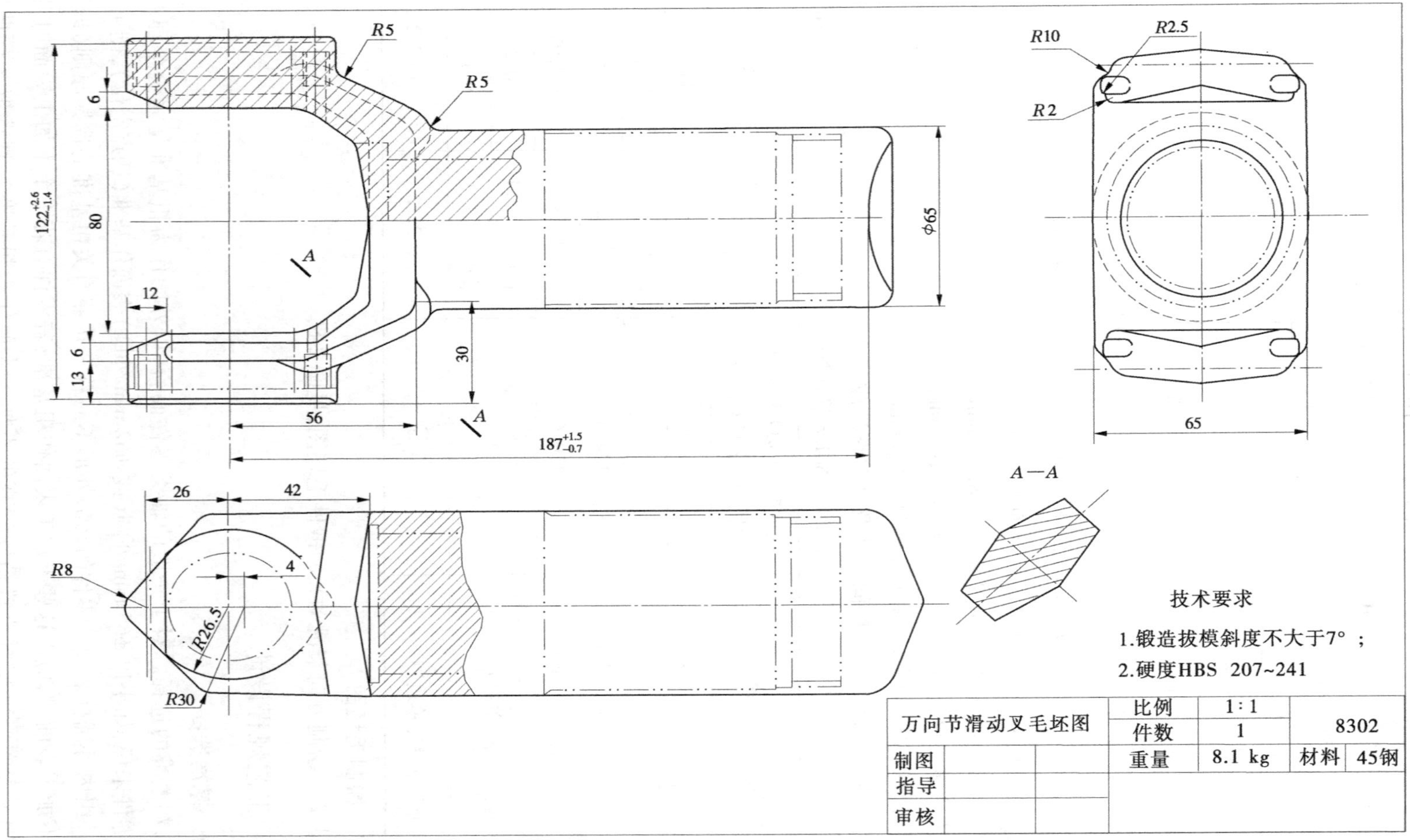

图2-8 万向节滑动叉毛坯图

$\phi 39^{+0.027}_{-0.010}$ mm 的不加工外轮廓表面作为粗基准，利用一组共两个短 V 形块支承这两个 $\phi 39^{+0.027}_{-0.010}$ mm 的外轮廓作主要定位面，以消除 $\vec{X}\vec{X}\vec{Y}\vec{Y}$ 四个自由度；再用一对自动定心的窄口卡爪夹持在 ϕ65 mm 外圆柱面上，用以消除 $\vec{Z}\vec{Z}$ 两个自由度，达到完全定位。

(2)精基准的选择。精基准的选择主要应该考虑基准重合的问题。当设计基准与工序基准不重合时，应该进行尺寸换算。

2.3.4.2 工艺类型制定

1. 工艺方案比较

由于生产类型为大批生产，故采用万能机床配以专用工、夹具，并尽量使工序集中来提高生产率。除此以外，还应降低生产成本。据此拟订以下两套方案：

工艺路线方案一：

(1)车外圆 ϕ62 mm，ϕ60 mm，车螺纹 M60 × 1 mm。

(2)两次钻孔并扩钻花键底孔 ϕ43 mm，锪沉头孔 ϕ55 mm。

(3)倒角 5 × 30°。

(4)钻 Rc1/8 底孔。

(5)拉花键孔。

(6)粗铣 ϕ39 mm 两孔端面。

(7)精铣 ϕ39 mm 两孔端面。

(8)钻、扩、粗铣、精铣两个 ϕ39 mm 孔至图样尺寸并锪倒角 2 × 45°。

(9)钻 M8 mm 底孔 ϕ6.7 mm，倒角 120°。

(10)攻螺纹 M8 mm，Rc1/8。

(11)冲箭头。

(12)终检。

工艺路线方案二：

(1)粗铣 ϕ39 mm 两孔端面。

(2)精铣 ϕ39 mm 两孔端面。

(3)钻 ϕ39 mm 两孔(不到尺寸)。

(4)镗 ϕ39 mm 两孔(不到尺寸)。

(5)精镗 ϕ39 mm 两孔，倒角 2 × 45°。

(6)车外圆 ϕ62 mm，ϕ60 mm，车螺纹 M60 × 1 mm。

(7)钻、镗孔 ϕ43 mm，并锪沉头孔 ϕ55 mm。

(8)倒角 5 × 30°。

(9)钻 Rc1/8 底孔。

(10)拉花键孔。

(11)钻 M8 mm 底孔 ϕ6.7 mm，倒角 120°。

(12)攻螺纹 M8 mm，Rc1/8。

(13)冲箭头。

(14)终检。

上述两个工艺方案的特点在于：方案一是先加工以花键孔为中心的一组表面，然后以此为基面加工 $\phi39$ mm 两孔；而方案二则与其相反，先加工 $\phi39$ mm 孔，然后再以两孔为基准加工花键孔及其外表面。经比较可见，先加工花键孔后再以花键孔定位加工 $\phi39$ mm 两孔，这时的位置精度较易保证，并且定位及装夹都较方便。但方案一中的工序 8 虽然代替了方案二中的工序 3、4、5，减少了装夹次数，可一道工序中内容太多，若不设计组合机床只能选用转塔车床，而转塔车床大多用于粗加工，用来加工 $\phi39$ mm 两孔不合适。故决定将方案二中的工序 3、4、5 移入方案一，改为两道工序。

2. 工艺方案确定

根据以上两方案的分析与比较，具体工艺设计如下：

工序 1：车外圆 $\phi62$ mm，$\phi60$ mm，车螺纹 M60 × 1 mm（粗基准的选择如前所述）。

工序 2：两次钻孔并扩钻花键底孔 $\phi43$ mm，锪沉头孔 $\phi55$ mm，以 $\phi62$ mm 外圆定位。

工序 3：倒角 5 × 30°。

工序 4：钻 Rc1/8 锥螺纹底孔。

工序 5：拉花键孔。

工序 6：粗铣 $\phi39$ mm 两孔端面，以花键孔及其端面为基准。

工序 7：精铣 $\phi39$ mm 两孔端面。

工序 8：钻孔两次并扩孔 $\phi39$ mm。

工序 9：精镗并细镗 $\phi39$ mm 两孔，倒角 2 × 45°（工序 7、8、9 的定位均与工序 6 相同）。

工序 10：钻 M8 mm 螺纹底孔，倒角 120°。

工序 11：攻螺纹 M8 mm，Rc1/8。

工序 12：冲箭头。

工序 13：终检。

以上加工方案大致看来还是合理的。但通过仔细考虑零件的技术要求以及取的加工手段之后，发现仍有问题，主要表现在 $\phi39$ mm 两个孔及其端面加工要求上。图样规定：$\phi39$ mm 两孔中心线应与 $\phi55$ mm 花键孔中心线垂直，垂直度公差为 100∶0.2；$\phi39$ mm 两孔与其外端面应垂直，垂直度公差为 0.1 mm。因此，加工及测量 $\phi39$ mm 孔时应以花键孔为基准。这样做能保证设计基准与工艺基准相重合。在上述工艺路线中也是这样拟订的。同理，$\phi39$ mm 两孔与其外端面的垂直度（0.1 mm）的技术要求在加工与测量时也应遵循上述原则。但在已制订的工艺路线中却没有这样做：加工 $\phi39$ mm 孔时，以 $\phi55$ mm 花健孔定位（这是正确的）；而加工 $\phi39$ mm 孔的外端面时，也以 $\phi55$ mm 花键孔定位。这样做，从装夹上看似乎比较方便，但却违反了基准重合原则，产生了基准不重合误差。具体来说，当 $\phi39$ mm 两孔的外端面以花键孔为基准进行加工时，如果两个端面与花键孔中心线已保证绝对平行的话（这是不可能的），那么由于 $\phi39$ mm 两孔中心线与花键孔仍有 100∶0.2 的垂直度公差，则 $\phi39$ mm 孔与其外端面的垂直度误差会很大，甚至会因超差而报废。这就是基准不重合而造成的结果。为了解决这个问题，原有的加工路线可仍大致保持不变，只是在 $\phi39$ mm 两孔加工完了以后，再增加一道工序：以 $\phi39$ mm 孔为基准，磨 $\phi39$ mm 两孔外端面。这样做，可以修正由于基准不重合造成的加工误差，同时也照顾了

原有的加工路线中装夹较方便的特点。因此,最后的加工路线确定如下:

工序1:车端面及外圆 $\phi62$ mm,$\phi60$ mm,并车螺纹 M60×1 mm。以两个叉耳外轮廓及 $\phi65$ mm 外圆为粗基准,选用 C620-1 卧式车床和专用夹具。

工序2:钻、扩花键底孔 $\phi43$ mm,并锪沉头孔 $\phi55$ mm。以 $\phi62$ mm 外圆为基准,选用 C365L 转塔车床。

工序3:内花键孔 5×30°倒角。选用 C620-1 车床和专用夹具。

工序4:钻锥螺纹 Rc1/8 底孔。选用 Z525 立式钻床及专用钻模。这里安排钻 Rcl/8 底孔主要是为了下道工序拉花键孔时消除回转自由度而设置一个定位基准。本工序以花键内底孔定位,并利用叉部外轮廓消除回转自由度。

工序5:拉花键孔。利用花键内底孔、$\phi55$ mm 端面及 Rcl/8 锥螺纹底孔定位,选用 L6120 卧式拉床加工。

工序6:粗铣 $\phi39$ mm 两孔端面,以花键孔定位,选用 X63 卧式铣床加工。

工序7:钻、扩 $\phi39$ mm 两孔及倒角。以花健孔及端面定位,选用 Z535 立式钻床加工。

工序8:精、细镗 $\phi39$ mm 两孔。选用 T740 型卧式金刚镗床及专用夹具加工,以花键内孔及其端面定位。

工序9:磨 $\phi39$ mm 两孔端面,保证尺寸 $118_{-0.02}^{\ 0}$ mm,以 $\phi39$ mm 孔及花键孔定位,选用 M7130 平面磨床及专用夹具。

工序10:钻叉部四个 M8 mm 螺纹底孔并倒角。选用 Z525 立式钻床及专用夹具,以花键孔及 $\phi39$ mm 孔定位。

工序11:攻螺纹 4-M8 mm 及 Rc1/8。

工序12:冲箭头。

工序13:终检。

以上工艺过程详见机械加工工艺过程综合卡片。

2.3.4.3 编写机械加工工艺过程综合卡片

根据此工序安排,编出机械加工工艺过程综合卡片,见附表2-1。

2.3.5 切削用量及基本时间(机动时间)

2.3.5.1 工序1:车削端面、外圆及螺纹

本工序采用计算法确定切削用量。

1. 加工条件

工件材料:45 钢正火,σ_b=0.60 GPa,模锻。

加工要求:粗车 $\phi60$ mm 端面及车 60 mm、$\phi62$ mm 外圆,表面粗糙度值 R_z 为 200 μm;车螺纹 M60×1 mm。

机床:C620-1 卧式车床。

刀具:①外圆车刀,刀片材料为 YTl5,刀杆尺寸为 16 mm×25 mm,$K_r=90°$,$\gamma_0=15°$,$\alpha_0=12°$,$\gamma_R=0.5$ mm;②60°螺纹车刀,刀片材料为 W18Cr4V。

2. 计算切削用量

1) 粗车 M60 × 1 mm 端面

(1) 确定端面最大加工余量：已知毛坯长度方向的加工余量为 $2^{+1.5}_{-0.7}$ mm，考虑 7°的模锻拔模斜度，则毛坯长度方向的最大加工余量 $Z_{max} = 7.5$ mm。但实际上，由于以后还要钻花键底孔，因此端面不必全部加工，而可以留出一个 $\phi 40$ mm 心部待以后钻孔时加工掉，故此时实际端面最大加工余量按 $Z_{max} = 5.5$ mm 考虑，分两次加工，$a_p = 3$ mm。长度加工误差按 12 级，取 −0.46 mm（入体方向）。

(2) 确定进给量 f：根据《切削用量简明手册》（第 3 版）（以下简称《切削手册》）表 1.4，当刀杆尺寸为 16 mm × 25 mm，$a_p \leqslant 3$ mm 以及工件直径为 60 mm 时，$f = 0.5 \sim 0.7$ mm/r。

按 C620 − 1 车床说明书（见《切削手册》）表 1.30 取 $f = 0.5$ mm/r。

(3) 计算切削速度：按《切削手册》表 1.27，切削速度的计算公式为（寿命选 $T = 60$ min）：

$$v_c = \frac{C_v}{T^m a_p^{x_v} f^{y_v}} k_v \quad (\text{m/min})$$

式中，$C_v = 242$，$x_v = 0.15$，$y_v = 0.35$，$m = 0.2$。修正系数 k_v 见《切削手册》表 1.28，即 $k_{mv} = 1.44$，$k_{sv} = 0.8$，$k_{kv} = 1.04$，$k_{krv} = 0.81$，$k_{Bv} = 0.97$。

所以

$$\begin{aligned} v_c &= \frac{242}{60^{0.2} \times 3^{0.15} \times 0.5^{0.35}} \times 1.44 \times 0.8 \times 1.04 \times 0.81 \times 0.97 \\ &= 108.6 (\text{m/min}) \end{aligned}$$

(4) 确定机床主轴转速：

$$n_s = \frac{1\,000 v_c}{\pi d_w} = \frac{1\,000 \times 108.6}{\pi \times 65} \approx 532 (\text{r/min})$$

按机床说明书（见《工艺手册》表 4.2-8），与 532 r/min 相近的机床转速为 480 r/min 及 600 r/min。现选取 $n_w = 600$ r/min。如果选 480 r/min，则速度损失较大。所以实际切削速度 $v_c = 122$ m/min。

(5) 计算切削工时：按《工艺手册》表 6.2-1，取

$$l = \frac{65 - 40}{2} = 12.5 \ (\text{mm}), l_1 = 2 \text{ mm}, l_2 = 0, l_s = 0$$

$$t_m = \frac{l + l_1 + l_2 + l_s}{n_w f} i = \frac{12.5 + 2}{600 \times 0.5} \times 2 = 0.096 \ (\text{mm})$$

2) 粗车 $\phi 62$ mm 外圆，同时应校验机床功率及进给机构强度

(1) 切削深度：单边余量 $Z = 1.5$ mm，可一次切除。

(2) 进给量：根据《切削手册》表 1.4，选用 $f = 0.5$ mm/r。

(3) 计算切削速度：根据《切削手册》表 1.27，有

$$\begin{aligned} v_c &= \frac{C_v}{T^m a_p^{x_v} f^{y_v}} k_v = \frac{242}{60^{0.2} \times 1.5^{0.15} \times 0.5^{0.35}} \times 1.44 \times 0.8 \times 0.81 \times 0.97 \\ &= 116 \ (\text{m/min}) \end{aligned}$$

(4)确定主轴转速：

$$n_s = \frac{1\ 000 v_c}{\pi d_w} = \frac{1\ 000 \times 116}{\pi \times 65} = 568\ (\text{m/min})$$

按机床选取 $n = 600$ r/min。所以实际切削速度

$$v_c = \frac{\pi d n}{1\ 000} = \frac{\pi \times 65 \times 600}{1\ 000} = 122\ (\text{m/min})$$

(5)检验机床功率：主切削力 F_c 按《切削手册》表 1.29 所示公式计算，即

$$F_c = C_{F_c} a_p^{x_{F_c}} f^{y_{F_c}} v_c^{n_{F_c}} k_{F_c}$$

式中，$C_{F_c} = 2\ 795, x_{F_c} = 1.0, y_{F_c} = 0.75, n_{F_c} = -0.15, k_{F_c} = k_{m_p} \cdot k_{k_r}$。

$$k_{m_p} = (\frac{\sigma_b}{650})^{n_F} = (\frac{600}{650})^{0.75} = 0.94,\ k_{k_r} = 0.89$$

所以 $F_c = 2\ 795 \times 1.5 \times 0.5^{0.75} \times 122^{-0.15} \times 0.94 \times 0.89 = 1\ 012.5\ (\text{N})$

切削时消耗功率 P_c 为

$$P_c = \frac{F_c v_c}{6 \times 10^4} = \frac{1\ 012.5 \times 122}{6 \times 10^4} = 2.06\ (\text{kW})$$

由《切削手册》表 1.30 中 C620－1 机床说明书可知，C620－1 主电动机功率为 7.8 kW，当主轴转速为 600 r/min 时，主轴传递的最大功率为 5.5 kW，所以机床功率足够，可以正常加工。

(6)校验机床进给系统强度：已知主切削力 $F_c = 1\ 012.5$ N，径向切削力 F_p 按《切削手册》表 1.29 所示公式计算

$$F_p = C_{F_p} a_p^{x_{F_p}} f^{y_{F_p}} v_c^{n_{F_p}} k_{F_p}$$

式中：$C_{F_p} = 1\ 940, x_{F_p} = 0.9, y_{F_p} = 0.6, n_{F_p} = -0.3, k_{F_p} = k_{m_p} \cdot k_{k_r}$。

$$k_{m_p} = (\frac{\sigma_b}{650})^{n_F} = (\frac{600}{650})^{1.35} = 0.897, k_{k_r} = 0.5$$

所以 $F_p = 1\ 940 \times 1.5^{0.9} \times 0.5^{0.6} \times 122^{-0.3} \times 0.897 \times 0.5 = 195\ (\text{N})$

而轴向切削力

$$F_f = C_{F_f} a_p^{x_{F_f}} f^{y_{F_f}} v_c^{n_{F_f}} k_{F_f}$$

式中：$C_{F_f} = 2\ 880, x_{F_f} = 1.0, y_{F_f} = 0.5, n_{F_f} = -0.4, k_{F_f} = k_{m_p} \cdot k_{k_r}$。

$$k_{m_p} = 0.923, k_{k_r} = 1.17$$

所以，轴向切削力

$$F_f = 2\ 880 \times 1.5 \times 0.5^{0.5} \times 122^{-0.4} \times 0.923 \times 1.17 = 480\ (\text{N})$$

取机床导轨与床鞍之间的摩擦系数 $\mu = 0.1$，则切削力在纵向进给方向对进给机构的作用力为

$$\begin{aligned} F &= F_f + \mu(F_c + F_p) \\ &= 480 + 0.1 \times (1\ 012.5 + 195) = 600\ (\text{N}) \end{aligned}$$

而机床纵向进给机构可承受的最大纵向力为 3 530 N(见《切削手册》表 1.30)，故机床进给系统可正常工作。

3)车 $\phi 60$ mm 外圆柱面

(1)计算切削速度：

$a_p=1$ mm, $f=0.5$ mm/r（见《切削手册》表 1.6, $R_a=6.3$ μm，刀圆弧半径 $r=1.0$ mm），则切削速度

$$v_c=\frac{C_v}{T^m a_p^{x_v} f^{y_v}}k_v$$

式中，$C_v=242$，$m=0.2$，$T=60$，$y_v=0.35$，$x_v=0.15$，$k_v=k_m\cdot k_k$。

$$k_m=1.44,\ k_k=0.81$$

则

$$v_c=\frac{242}{60^{0.2}\times 1^{0.15}\times 0.5^{0.35}}\times 1.44\times 0.81=159\ (\text{m/min})$$

$$n_s=\frac{1\,000v_c}{\pi d}=\frac{1\,000\times 159}{\pi\times 60}=843\ (\text{r/min})$$

按机床说明书，取 $n=770$ r/min，则此时 $v_c=145$ m/min。

（2）计算切削工时：

$$t=\frac{l+l_1+l_2}{nf}=\frac{20+4}{770\times 0.5}=0.062\ (\text{min})$$

4）车螺纹 M60 × 1 mm

（1）计算切削速度：计算切削速度由参考文献［7］表 21 中查得，刀具寿命 $T=60$ min，采用高速钢螺纹车刀，规定粗车螺纹时 $a_p=0.17$ mm，走刀次数 $i=4$；精车螺纹时 $a_p=0.08$ mm，走刀次数 $i=2$，则

$$v_c=\frac{C_v}{T^m a_p^{x_v} t_1^{y_v}}k_v$$

式中，$C_v=11.8$，$m=0.11$，$x_v=0.70$，$y_v=0.3$，螺距 $t_1=1$，$k_v=k_m\cdot k_k$。

$$k_m=\left(\frac{0.637}{0.6}\right)^{1.75}=1.11,\ k_k=0.75$$

所以，粗车螺纹时：

$$v_c=\frac{11.8}{60^{0.11}\times 0.17^{0.7}\times 1^{0.3}}\times 1.11\times 0.75=21.64\ (\text{m/min})$$

精车螺纹时

$$v_c=\frac{11.8}{60^{0.11}\times 0.08^{0.7}\times 1^{0.3}}\times 1.11\times 0.75=36.8\ (\text{m/min})$$

（2）确定主轴转速：粗车螺纹时

$$n_1=\frac{1\,000v_c}{\pi D}=\frac{1\,000\times 21.64}{\pi\times 60}=114.9\ (\text{r/min})$$

按机床说明书取 $n=96$ r/min，则实际切削速度

$$v_c=18\ \text{m/min}$$

精车螺纹时

$$n_2=\frac{1\,000v_c}{\pi D}=\frac{1\,000\times 36.8}{\pi\times 60}=195\ (\text{r/min})$$

按机床说明书取 $n=184$ r/min，则实际切削速度

$$v_c=34\ \text{m/min}$$

(3)计算切削工时:取切入长度 $l_1=3$ mm,粗车螺纹时

$$t_1=\frac{l+l_1}{nf}i=\frac{15+3}{96\times 1}\times 4=0.75\ (\text{min})$$

精车螺纹时

$$t_2=\frac{l+l_1}{nf}i=\frac{15+3}{184\times 1}\times 2=0.196\ (\text{min})$$

所以,车螺纹的总工时为

$$t=t_1+t_2=0.75+0.196=0.946\ (\text{min})$$

2.3.5.2 工序 2:钻、扩花键底孔 ϕ43 mm 及锪沉头孔 ϕ55 mm

本工序选用机床为转塔车床 C365L。

1. 钻孔 ϕ25 mm

根据有关资料,确定 $f=0.41$ mm/r(见《切削手册》表 2.7),$v_c=12.25$ m/min(见《切削手册》表 2.13 及表 2.14,按 5 类加工性考虑),则

$$n_s=\frac{1\,000v_c}{\pi d}=\frac{1\,000\times 12.25}{\pi\times 25}=155\ (\text{r/min})$$

按机床说明书选取 $n_w=136$ r/min(见《工艺手册》表 4.2-2),所以实际切削速度

$$v_c=\frac{\pi d_w n_w}{1\,000}=\frac{\pi\times 25\times 136}{1\,000}=10.68\ (\text{m/min})$$

切削工时

$$t=\frac{l+l_1+l_2}{n_w f}=\frac{150+10+4}{136\times 0.41}=3\ (\text{min})$$

式中 $l_1=10$ mm,$l_2=4$ mm,$l=150$ mm。

2. 钻孔 ϕ41 mm

根据有关资料,利用钻头进行扩钻时,其进给量与切削速度与钻同样尺寸的实心孔时的进给量与切削速度之关系为

$$f=(1.2\sim 1.3)f_{钻}$$

$$v_c=(\frac{1}{2}\sim\frac{1}{3})v_{钻}$$

式中 $f_{钻}$、$v_{钻}$——加工实心孔时的切削用量。

现已知 $f_{钻}=0.56$ mm/r (见《切削手册》表 2.7),$v_{钻}=19.25$ m/min (见《切削手册》表 2.13),并令 $f=1.25f_{钻}=0.70$ (mm/r),则 $f=0.70$ mm/r,$v_c=0.4v_{钻}=7.7$ (m/min)。

$$n_s=\frac{1\,000v_c}{\pi d}=\frac{1\,000\times 7.7}{\pi\times 41}=59\ (\text{r/min})$$

按机床说明书选取 $n_w=58$ r/min,所以实际切削速度为

$$v_c=\frac{\pi\times 41\times 58}{1\,000}=7.47\ (\text{m/min})$$

切削加工时,$l_1=7$ mm,$l_2=2$ mm,$l=150$ mm,则

$$t=\frac{150+7+2}{0.70\times 58}=3.92\ (\text{min})$$

3. 扩花键底孔 ϕ43 mm

根据《切削手册》表 2.10，查扩孔钻扩 ϕ43 mm 孔时的进给量，并根据机床规格选 $f=1.24$ mm/r。

扩孔钻扩孔时的切削速度，根据其他有关资料，确定为

$$v_c = 0.4v_{钻}$$

式中 $v_{钻}$——用钻头钻同样尺寸实心孔时的切削速度。

故

$$v_c = 0.4 \times 19.25 = 7.7\ (\text{m/min})$$

$$n_s = \frac{1\,000 \times 7.7}{\pi \times 43} = 57\ (\text{r/min})$$

按机床说明书选取 $n_w = 58$ r/min。

切削加工时，$l_1 = 3$ mm，$l_2 = 1.5$ mm，则

$$t = \frac{150 + 3 + 1.5}{58 \times 1.24} = 2.14\ (\text{min})$$

4. 锪圆柱式沉孔 ϕ55 mm

根据有关资料，锪沉头孔时进给量及切削速度为钻孔时的$\frac{1}{2} \sim \frac{1}{3}$，故

$$f = \frac{1}{3}f_{钻} = \frac{1}{3} \times 0.6 = 0.2\ (\text{mm/r})\ (\text{按机床规格取}\ 0.21\ \text{mm/r})$$

$$v_c = \frac{1}{3}v_{钻} = \frac{1}{3} \times 25 = 8.33\ (\text{m/min})$$

$$n_s = \frac{1\,000v}{\pi D} = \frac{1\,000 \times 8.33}{\pi \times 55} = 48\ (\text{r/min})$$

按机床说明书选取 $n_w = 44$ r/min，所以实际切削速度

$$v_c = \frac{\pi D n_w}{1\,000} = \frac{\pi \times 55 \times 44}{1\,000} = 7.6\ (\text{m/min})$$

切削加工时，$l_1 = 2$ mm，$l_2 = 0$，$l = 8$ mm，则

$$t = \frac{l + l_1 + l_2}{nf} = \frac{8 + 2}{44 \times 0.21} = 1.08\ (\text{min})$$

在本工步中，加工 ϕ55 mm 沉头孔的测量长度，由于工艺基准与设计基准不重合，故需要进行尺寸链换算。按图样要求，加工完毕后应保证尺寸 45 mm。

$$t = \frac{l_1 + l_2 + l}{n_w f} = \frac{4 + 3 + 11}{680 \times 0.11} = 0.24\ (\text{min})$$

按机床说明书选取 $n_w = 680$ r/min（见《切削手册》）。

2.3.5.3 工序 5：拉花键孔

根据有关手册，确定拉花键孔时花键拉刀的单面齿升为 0.06 mm，拉削速度 $v = 0.06$ m/s（3.6 m/min），则切削时

$$t = \frac{Z_b l \eta k}{1\,000 v f_z z}$$

式中 Z_b ——单面余量，$Z_b = 3.5$ mm（由 $\phi43$ mm 拉削至 $\phi50$ mm）；

l ——拉削表面长度，$l = 140$ mm；

η ——考虑校准部分的长度系数，取 1.2；

k ——考虑机床返回行程系数，取 1.4；

v ——拉削速度，m/min；

f_z ——拉刀单面齿升；

z ——拉刀同时工作齿数，$z = l/p$；

其中 p——拉刀齿距。

$$p = (1.25 \sim 1.5)\sqrt{l} = 1.35\sqrt{140} = 16\ (\text{mm})$$

所以，拉刀同时工作齿数 $z = l/p = 140/16 \approx 9$，则

$$t = \frac{3.5 \times 140 \times 1.2 \times 1.4}{1\,000 \times 3.6 \times 0.06 \times 9} = 0.42\ (\text{min})$$

2.3.5.4 工序 6：粗铣 $\phi39$ mm 两孔端面，保证尺寸 $118.4_{-0.22}^{\ 0}$ mm

参考有关手册，确定 $f_z = 0.08$ mm/齿（见《切削手册》表 3.3），$v_c = 0.45$ m/s，即 27 m/min。

采用高速钢镶齿三面刃铣刀，$d_w = 225$ mm，齿数 $z = 20$。

$$n_s = \frac{1\,000 v_c}{\pi d_w} = \frac{1\,000 \times 27}{\pi \times 225} = 38\ (\text{r/min})$$

采用 X63 卧式铣床，根据机床使用说明书（见《工艺手册》）取 $n_w = 37.5$ r/min，故实际切削速度为

$$v_c = \frac{\pi d_w n_w}{1\,000} = \frac{\pi \times 225 \times 37.5}{1\,000} = 26.5\ (\text{m/min})$$

当 $n_w = 37.5$ r/min 时，工作台的每分钟进给量 f_m 应为

$$f_m = f_z z n_w = 0.08 \times 20 \times 37.5 = 60\ (\text{mm/min})$$

查机床说明书，刚好有 $f_m = 60$ mm/min，故直接选用该值。

由于是粗铣，故整个铣刀刀盘不必铣过整个工件，利用作图法，可得出行程 $l + l_1 + l_2 = 105$ mm，则机动工时为：

$$t_m = \frac{l + l_1 + l_2}{f_m} = \frac{105}{60} = 1.75\ (\text{min})$$

2.3.5.5 工序 7：钻、扩 $\phi39$ mm 两孔及倒角

1. 钻孔 $\phi25$ mm

确定进给量 f：根据《切削手册》表 2.7，当钢的 $\sigma_b < 800$ MPa，$d_0 = \phi25$ mm 时，$f = 0.39 \sim 0.47$ mm/r。由于本零件在加工 $\phi25$ mm 孔时属于低刚度零件，故进给量应乘以系数 0.75，则

$$f = (0.39 \sim 0.47) \times 0.75 = 0.29 \sim 0.35\ (\text{mm/r})$$

根据 Z535 机床说明书，现取 $f = 0.25$ mm/r。

切削速度：根据《切削手册》表 2.13 及表 2.14，查得切削速度 $v_c = 18$ m/min。所以

$$n_s = \frac{1\,000 v_c}{\pi d_w} = \frac{1\,000 \times 18}{\pi \times 25} = 229\ (\text{r/min})$$

根据机床说明书，取 $n_w=195$ r/min，故实际切削速度为

$$v_c=\frac{\pi d_w n_w}{1\ 000}=\frac{\pi\times 25\times 195}{1000}=15.3\ (\text{m/min})$$

切削工时：$l=19$ mm，$l_1=9$ mm，$l_2=3$ mm，则

$$t_{m_1}=\frac{l+l_1+l_2}{n_w f}=\frac{19+9+3}{195\times 0.25}=0.635\ (\text{min})$$

以上为钻一个孔时的机动时间。故本工序的机动工时为

$$t_m=t_{m1}\times 2=0.635\times 2=1.27\ (\text{min})$$

2. 扩钻 $\phi 37$ mm 孔

利用 $\phi 37$ mm 的钻头对 $\phi 25$ mm 的孔进行扩钻。根据有关手册的规定，扩钻的切削用量可根据钻孔的切削用量选取：

$$f=(1.2\sim 1.8)f_{钻}=(1.2\sim 1.8)\times 0.65\times 0.75=0.585\sim 0.87\ (\text{mm/r})$$

根据机床说明书，选取 $f=0.57$ mm/r。

$$v_c=\left(\frac{1}{2}\sim\frac{1}{3}\right)v_{钻}=\left(\frac{1}{2}\sim\frac{1}{3}\right)\times 12=6\sim 4\ (\text{m/min})$$

则主轴转速为 $n=51.6\sim 34$ r/min，按机床说明书取 $n_w=68$ r/min。实际切削速度为

$$v_c=\frac{\pi d_w n_w}{1\ 000}=\frac{\pi\times 37\times 68}{1\ 000}=7.9\ (\text{m/min})$$

切削工时（一个孔）：$l=19$ mm，$l_1=6$ mm，$l_2=3$ mm，则

$$t_1=\frac{19+6+3}{n_w f}=\frac{28}{68\times 0.57}=0.72(\text{min})$$

当扩钻两个孔时，机动工时为

$$T=0.72\times 2=1.44\ (\text{min})$$

3. 扩孔 $\phi 38.7$ mm

采用刀具：$\phi 38.7$ mm 专用扩孔钻。

进给量：$f=(0.9\sim 1.2)\times 0.7=0.63\sim 0.84$ (mm/r)（见《切削手册》表 2.10）。查机床说明书，取 $f=0.72$ mm/r。

机床主轴转速：取 $n=68$ r/min，其切削速度 $v_c=8.26$ m/min。

机动工时：$l=19$ mm，$l_1=3$ mm，$l_2=3$ mm，则

$$t_1=\frac{19+3+3}{n_w f}=\frac{25}{68\times 0.72}=0.51\ (\text{min})$$

当加工两个孔时

$$t_m=0.51\times 2=1.02\ (\text{min})$$

4. 倒角 $2\times 45°$ 双面

采用 90°锪钻。为缩短辅助时间，取倒角时的主轴转速与扩孔时相同：$n=68$ r/min，手动进给。

2.3.5.6 工序 8：精、细镗 $\phi 39^{+0.027}_{-0.010}$ mm 两孔

选用机床：T740 金刚镗床。

(1)精镗孔至 $\phi 38.9$ mm，单边余量 $Z=0.1$ mm，一次镗去全部余量，$a_p=0.1$ mm，进

给量 $f=0.1$ mm/r。

根据有关手册，确定金刚镗床的切削速度为 $v_c=100$ m/min，则

$$n_w=\frac{1\,000v_c}{\pi D}=\frac{1\,000\times 100}{\pi\times 39}=816\ (\text{r/min})$$

由于 T740 金刚镗主轴转速为无级调速，故以上转速可以作为加工时使用的转速。

切削工时（当加工 1 个孔时）：$l=19$ mm，$l_1=3$ mm，$l_2=4$ mm，则

$$t_1=\frac{l+l_1+l_2}{n_w f}=\frac{19+3+4}{816\times 0.1}=0.32\ (\text{min})$$

所以加工两个孔时的机动时间为

$$t=0.32\times 2=0.64\ (\text{min})$$

（2）细镗孔至 $\phi 39^{+0.027}_{-0.010}$ mm。由于细镗与精镗孔共用一个镗杆，利用金刚镗床同时对工件精、细镗孔，故切削用量及工时均与精镗相同：

$a_p=0.05$ mm；$f=0.1$ mm/r，$n_w=816$ r/min，$v_c=100$ m/min，$t=0.64$ min

2.3.5.7 工序 9：磨 $\phi 39$ mm 两孔端面，保证尺寸 $118^{\ 0}_{-0.07}$

（1）选择砂轮见《工艺手册》第三章中磨料选择各表，确定砂轮为：WA46KV6P350×40×127。其含义为：砂轮磨料为白刚玉，粒度为 46 号，硬度为中软 1 级，陶瓷结合剂，6 号组织，平型砂轮，其尺寸为 350 mm×40 mm×127 mm（$D\times B\times d$）。

（2）切削用量的选择。砂轮转速 $n_{砂}=1\,500$ r/min（见机床说明书），$v_{砂}=27.5$ m/s。轴向进给量 $f_a=0.5B=20$ mm（双行程），工件速度 $v_w=10$ m/min，径向进给量 $f_r=0.015$ mm/双行程。

（3）切削工时。当加工 1 个表面时（见《工艺手册》表 6.2-8）

$$t_1=\frac{2LbZ_bk}{1\,000vf_af_r}$$

式中 L——加工长度，$L=73$ mm；

b——加工宽度，68 mm；

Z_b——单面加工余量，$Z_b=0.2$ mm；

k——系数，取 1.10；

v——工作台移动速度，m/min；

f_a——工作台往返一次砂轮轴向进给量，mm；

f_r——工作台往返一次砂轮径向进给量，mm。

则

$$t_1=\frac{2\times 73\times 68\times 0.2\times 1.1}{1\,000\times 10\times 20\times 0.015}=\frac{2\,184}{3\,000}=0.73\ (\text{min})$$

当加工两端面时

$$t_m=0.73\times 2=1.46\ (\text{min})$$

2.3.5.8 工序 10：钻螺纹底孔 4－$\phi 6.7$ mm 并倒角 120°

$f=0.2\times 0.50=0.1$ (mm/r)（见《切削手册》表 2.7），$v_c=20$ m/min（见《切削手册》表 2.13 及表 2.14），所以

$$n_s = \frac{1\ 000 v_c}{\pi D} = \frac{1\ 000 \times 20}{\pi \times 6.7} = 950\ (\text{r/min})$$

按机床取 $n_w = 960$ r/min，故 $v_c = 20.2$ m/min。

切削工时(4 个孔)：$l = 19$ mm，$l_1 = 3$ mm，$l_2 = 1$ mm，则

$$t_m = \frac{l + l_1 + l_2}{n_w f} \times 4 = \frac{19 + 3 + 1}{960 \times 0.1} \times 4 = 0.96\ (\text{min})$$

倒角仍取 $n = 960$ r/min，手动进给。

2.3.5.9 **工序 11：攻螺纹 4 - M8 mm 及 Rc1/8**

由于公制螺纹 M8 mm 与锥螺纹 Rc1/8 外径相差无几，故切削用量一律按加工 M8 选取，即 $v_c = 0.1$ m/s = 6 m/min，所以 $n_s = 238$ r/min。

按机床型号选取 $n_w = 195$ r/min，则 $v_c = 4.9$ m/min。

机动工时：$l = 19$ mm，$l_1 = 3$ mm，$l_2 = 3$ mm，攻 M8 孔，则

$$t_{m_1} = \frac{(l + l_1 + l_2) \times 2}{n_w f} \times 4 = \frac{(19 + 3 + 3) \times 2}{195 \times 1} \times 4 = 1.02\ (\text{min})$$

攻 Rc1/8 孔，$l = 11$ mm，$l_1 = 3$ mm，$l_2 = 0$，则

$$t_{m_2} = \frac{l + l_1 + l_2}{n_w f} \times 2 = \frac{11 + 3}{195 \times 0.94} \times 2 = 0.15\ (\text{min})$$

最后，将以上各工序切削用量、工时定额的计算结果，连同其他加工数据，一并填入机械加工工艺过程综合卡片中，见附表 2-1。

§2.4 犁刀变速箱箱体零件的工艺设计

2.4.1 设计任务书

________系

机械制造技术课程设计任务书

设计题目："犁刀变速齿轮箱体"零件的机械加工工艺规程的设计

生产纲领：5 000 台/年，1 件/台，设其备品率为 16%，机械加工废品率为 2%，每日 1 班。

内容：1. 零件图 1 张

2. 毛坯图 1 张

3. 机械加工工艺过程卡片 1 张

4. 机械加工工序卡片 1 份

5. 提出夹具设计任务书

6. 说明书 1 份

班级：__________ 学生：__________ 学号：__________

指导教师：______________

教研室主任：______________

____年____月____日

2.4.2 箱体零件的工艺分析

如图 2-9 所示为犁刀变速齿轮箱体，该产品年产量为 5 000 台，设其备品率为 16%，机械加工废品率为 2%，该零件的技术要求如下：

(1)铸件应消除内应力。

(2)未注明铸造圆角为 $R2 \sim R3$。

(3)铸件表面不得有粘砂、多肉、裂纹等缺陷。

(4)允许有非聚集的孔眼存在，其直径不大于 5 mm，深度不大于 3 mm，相距不小于 30 mm，整个铸件上孔眼数不多于 10 个。

(5)未注明倒角为 $0.5 \times 45°$。

(6)所有螺孔锪 90°锥孔至螺纹外径。

(7)去毛刺，锐边倒钝。深度不大于 3 mm，相距不小于 30 mm，整个铸件上孔眼数不多于 10 个。

(8)同一加工平面上允许有直径不大于 3 mm，深度不大于 15 mm，总数不超过 5 个的孔眼，两孔间距不小于 10 mm，孔眼边距不超过 3 mm。

(9)涂漆按 NJ 226—31 执行。

(10)材料 HT200。

$$N = Qn(1 + a\% + b\%) = 5\,000 \times 1 \times (1 + 16\% + 2\%) = 5\,900(\text{件/年})$$

犁刀变速齿轮箱体年产量为 5 900 件/年，现通过计算，该零件质量约为 7 kg。根据生产类型与生产纲领的关系，可确定其生产类型为大批量生产。

2.4.2.1 零件分析

犁刀变速齿轮箱体是旋耕机的一个主要零件。旋耕机通过该零件的安装平面(图2-9 零件图上的 N 面)与手扶拖拉机变速箱的后部相连，用两圆柱销定位，四个螺栓固定，实现旋耕机的正确连接。N 面上的 $4-\phi13$ mm 孔即为螺栓连接孔，$2-\phi19F9$ 孔即为定位销孔。

如图 2-10 所示。犁刀变速齿轮箱体 2 内有一个空套在犁刀传动轴上的犁刀传动齿轮，它与变速箱的一倒挡齿轮常啮合(图中未画出)。

犁刀传动轴 8 的左端花键上套有啮合套，通过拨叉可以轴向移动，啮合套 4 和犁刀传动齿轮 5 相对的一面都有牙嵌，牙嵌结合时，动力传给犁刀传动轴 8。其操作过程通过安装在 $S\phi30H9$ 孔中的操纵杆 3，操纵拨叉而得以实现。

2.4.2.2 零件工艺分析

犁刀变速齿轮箱体材料为 HT200，该材料具有较高的强度、耐磨性、耐热性及减振性，适用于承受较大应力、要求耐磨的零件。该零件上的主要加工面为 N 面、R 面及 Q 面和 $2-\phi80H7$ 孔。

N 面的平面度 0.05 mm 直接影响旋耕机与拖拉机变速箱的接触精度及密封。$2-\phi80H7$ 孔的同轴度 $\phi0.04$ mm，与 N 面的平行度 0.07 mm，与 R 面及 Q 面的垂直度 0.1 mm 及 R 面相对 Q 面的平行度 0.055 mm，直接影响犁刀传动轴对 N 面的平行度及犁刀传动齿轮的啮合精度、左臂壳体及右臂壳体孔轴线的同轴度等。因此，在加工它们时，最好

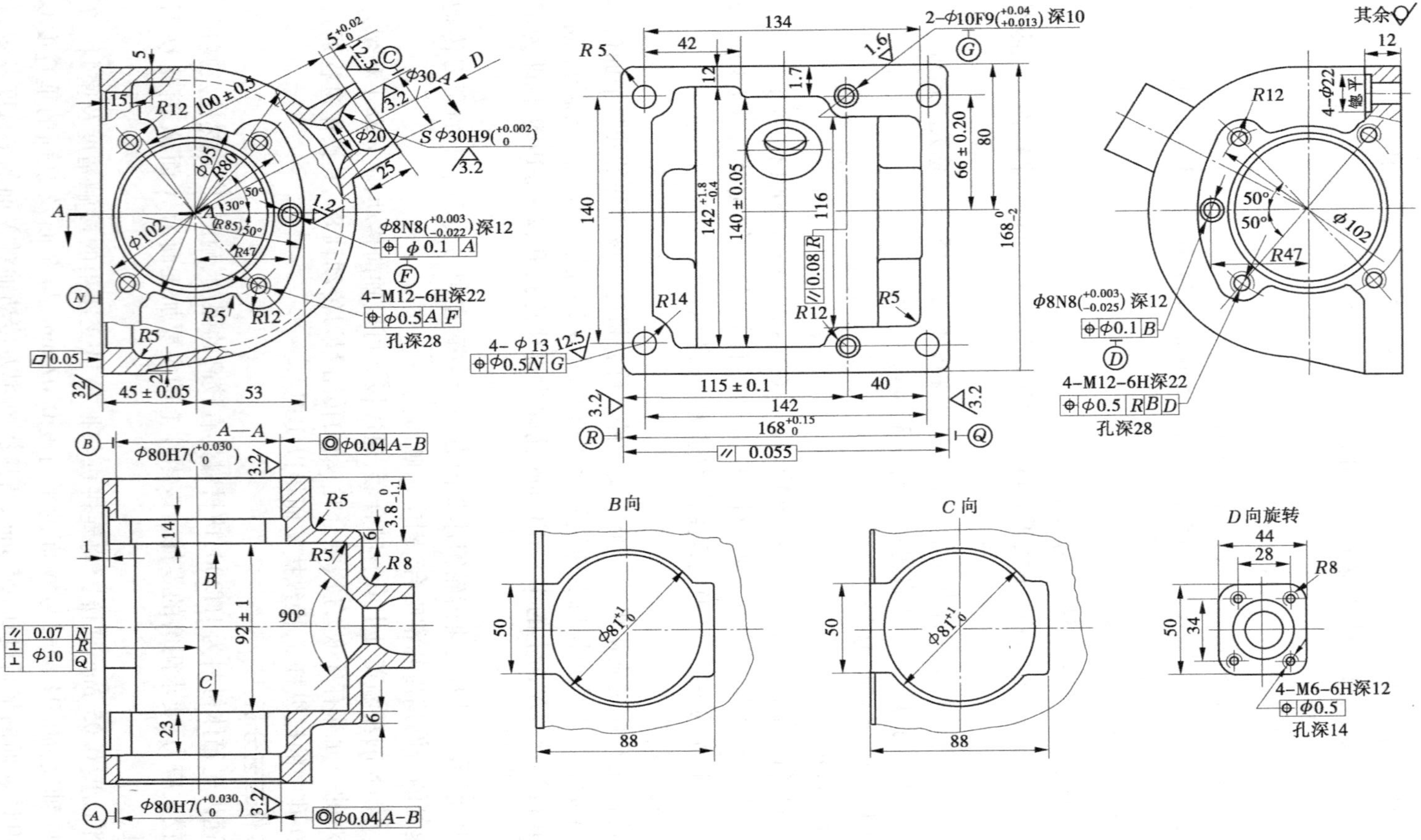

图 2-9　犁刀变速齿轮箱体

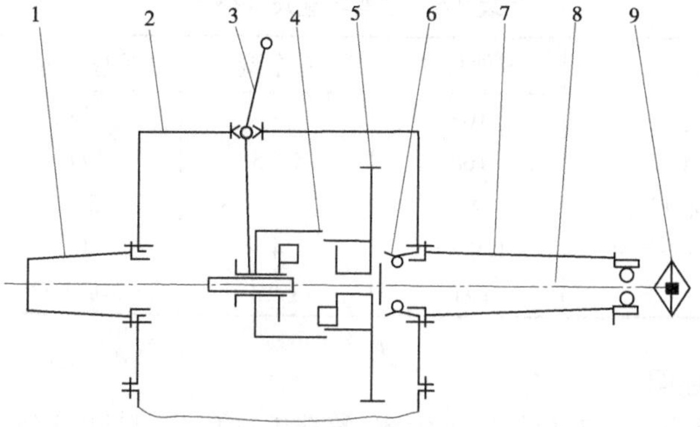

1—左臂壳体;2—犁刀变速齿轮箱;3—操纵杆;4—啮合套;
5—犁刀传动齿轮;6—轴承;7—右臂壳体;8—犁刀传动轴;9—链轮

图 2-10　犁刀变速箱齿轮传动图

能在一次装夹中将两面或两孔同时加工出来 。2 - ϕ10F9 孔的两孔距尺寸精度(140 ± 0.05) mm 以及(140 ±0.05) mm 对 *R* 面的平行度 0.06 mm,影响旋耕机与变速箱连接时的正确定位,从而影响犁刀传动齿轮与变速箱倒挡齿轮的啮合精度。

2.4.3　确定箱体毛坯、绘制毛坯图

2.4.3.1　选择毛坯类型

根据零件材料 HT200 确定毛坯为铸件,又已知零件生产纲领为 5 900 件/年,该零件质量约为 7 kg。可知,其生产类型为大批量生产。毛坯的铸造方法选用砂型机器造型。又由于箱体零件的内腔及 2 - ϕ80 mm 的孔需铸出,故还应安放型芯。此外,为消除残余应力,铸造后应安排人工时效。

2.4.3.2　确定箱体毛坯尺寸

铸件尺寸公差分为 16 级,由于是大量生产,毛坯制造方法采用砂型机器造型,由工艺人员手册查得,铸件尺寸公差等级为 CT10 级,选取铸件错箱值为 1.0 mm。对成批和大量生产的铸件,加工余量由工艺人员手册查得,选取 MA 为 G 级,各表面的总余量见表 2-4。由工艺人员手册可得铸件主要尺寸公差见表 2-5。

铸件的分型面选择通过 *C* 基准孔轴线,且与 *R* 面(或 *Q* 面)平行的面。浇冒口位置分别位于 *C* 基准孔凸台的两侧。

表 2-4　各加工表面总余量　　(单位:mm)

加工表面	基本尺寸	加工余量等级	加工余量数值	说明
R 面	168	G	4	底面,双侧加工(取下行数据)
Q 面	168	H	5	顶面降 1 级,双侧加工
N 面	168	G	5	侧面,单侧加工(取上行数据)
凸台面	106	G	4	侧面单侧加工
孔 2 - ϕ80	80	H	3	孔降 1 级,双侧加工

表 2-5　主要毛坯尺寸公差　　（单位：mm）

主要面尺寸	零件尺寸	总余量	毛坯尺寸	公差 CT
N 面轮廓尺寸	168	—	168	4
N 面轮廓尺寸	168	4 + 5	177	4
N 面距孔 ϕ80 中心尺寸	46	5	51	2. 8
凸台面距孔 ϕ80 中心尺寸	100 + 6	4	110	3. 6
孔 2 - ϕ80	ϕ80	3 + 3	ϕ74	3. 2

2.4.3.3　绘制毛坯图

零件—毛坯综合图一般包括以下内容：铸造毛坯形状、尺寸及公差、加工余量与工艺余量、铸造斜度及圆角、分型面、浇冒口残根位置、工艺基准及其他有关技术要求等。

零件—毛坯综合图上技术条件一般包括下列内容：

(1)合金牌号。

(2)铸造方法。

(3)铸造的精度等级。

(4)未注明的铸造斜度及圆角半径。

(5)铸件的检验等级。

(6)铸件综合技术条件。

(7)铸件交货状态。如允许浇冒口残根大小等。

(8)铸件是否进行气压或液压试验。

(9)热处理硬度。

零件—毛坯综合图如图 2-11 所示。

2.4.4　工艺设计

2.4.4.1　基准选择

(1)粗基准的选择。考虑到以下几点要求，选择箱体零件的重要孔(2 - ϕ80 mm 孔)的毛坯与箱体内壁作粗基准。

①保证各加工面均有加工余量的前提下，使重要孔的加工余量尽量均匀；

②装入箱内的旋转零件(如齿轮、轴套等)与箱体内壁有足够的间隙；

③能保证定位准确、夹紧可靠。

(2)精基准的选择。犁刀变速齿轮箱体的 N 面和 2 - ϕ10F9 孔既是装配基准，又是设计基准。用它们作精基准，能使加工遵循“基准重合”的原则，实现箱体零件“一面二孔”的典型定位方式；其余各面和孔的加工也能用它定位，这样使工艺路线遵循了“基准统一”的原则。此外，N 面的面积较大，定位比较稳定，夹紧方案也比较简单、可靠，操作方便。

2.4.4.2　工艺路线制订

1. 工艺方案比较

最先进行机械加工的表面是精基准 N 面和 2 - ϕ10F9 孔，这时可有两种定位夹紧

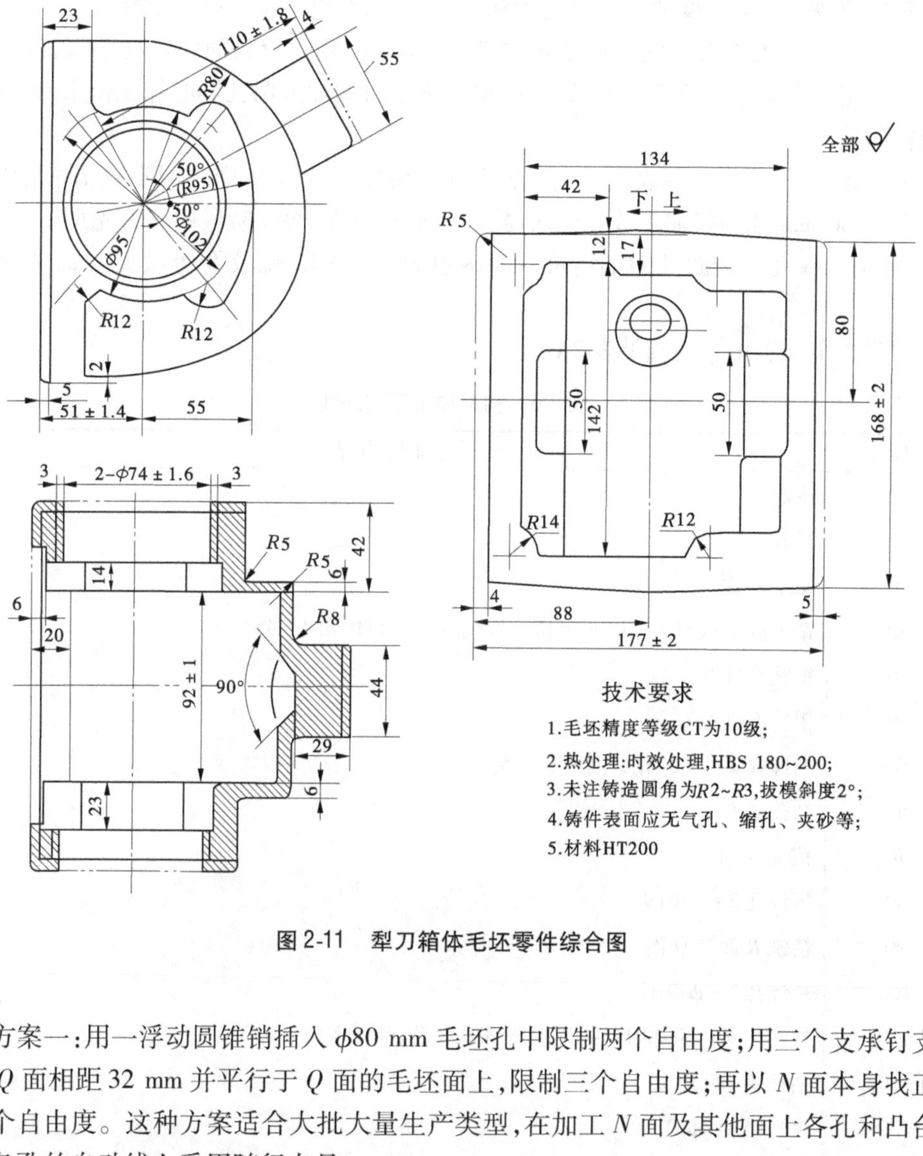

图 2-11　犁刀箱体毛坯零件综合图

方案。

方案一:用一浮动圆锥销插入 $\phi80$ mm 毛坯孔中限制两个自由度;用三个支承钉支承在与 Q 面相距 32 mm 并平行于 Q 面的毛坯面上,限制三个自由度;再以 N 面本身找正限制一个自由度。这种方案适合大批大量生产类型,在加工 N 面及其他面上各孔和凸台面及其各孔的自动线上采用随行夹具。

方案二:用一根两头带反锥形(一端的反锥可取下,以便装卸工件)的心棒插入 2－$\phi80$ mm 毛坯孔中并夹紧,粗加工 N 面时,将心棒置于两头的 V 形架上限制四个自由度,再以 N 面本身找正限制一个自由度。这种方案虽要安装一根心棒,但由于下一道工序(钻扩铰 2－$\phi10F9$ 孔)还要用这根心棒定位,即将心棒置于两头的 U 形槽中限制两个自由度。故本道工序可不用将心棒卸下,而且这一“随行心棒”比上述随行夹具简单得多。又因随行工位少,准备心棒数量少,因而该方案是可行的。

2. 工艺方案确定

根据各表面加工要求和各种加工方法能达到的经济精度,确定各表面的加工方法如下:N 面为粗车—精铣;R 面和 Q 面为粗铣—精铣;凸台面为粗铣;2－$\phi80$ mm 孔为粗镗—精镗;7 级 ~9 级精度的未铸出孔为钻—扩—铰;螺纹孔为钻孔—攻螺纹。

因 R 面与 Q 面有较高的平行度要求,2 - ϕ80 mm 孔有较高的同轴度要求,故它们的加工宜采用工序集中的原则,即分别在一次装夹下将两面或两孔同时加工出来,以保证其位置精度。

根据先面后孔、先主要表面后次要表面和先粗加工后精加工的原则,将 N 面、R 面、Q 面及 2 - ϕ80 mm 孔的粗加工放在前面,精加工放在后面,每一阶段中又首先加工 N 面,再镗 2 - ϕ80 mm 孔。R 面及 Q 面上的 ϕ8N8 孔及 4 - M13 螺纹孔等次要表面放在最后加工。

初步拟定加工工艺路线见表 2-6。

表 2-6　初拟加工工艺路线

工序号	工序内容
	铸造
	时效
10	粗车 N 面
20	钻扩铰 2 - ϕ10F9 孔(尺寸留精铰余量),孔口倒角 1 ×45°
30	粗铣凸台面
40	粗铣 R 面及 Q 面
50	粗镗孔 2 - ϕ80,孔口倒角 1 ×45°
60	钻孔 ϕ20
70	精铣 N 面
80	精铰孔 2 - ϕ10F9
90	精铣 R 面及 Q 面
100	精镗孔 2 - ϕ80H7
110	扩铰球形孔 $S\phi$30H9,钻 4 - M6 螺纹底孔,孔口倒角 1 ×45°,攻螺纹 4 - M6
120	钻孔 4 - ϕ13
130	锪平面 4 - ϕ22
140	钻 8 - M12 螺纹底孔,孔口倒角 1 ×45°,钻铰孔 2 - ϕ8N8,孔口倒角 1 ×45°,攻螺纹 8 - M12
150	检验
160	入库

上述方案遵循了工艺路线拟定的一般原则,但某些工序有些问题还值得进一步讨论。如粗车 N 面,因工件和夹具的尺寸较大,在卧式车床上加工时,它们的惯性力较大,平衡较困难,又由于 N 面不是连续的圆环面,车削中出现断续切削,容易引起工艺系统的振动,故改用铣削加工。

工序 40 应在工序 30 前完成,使 R 面和 Q 面在粗加工后有较多的时间进行自然时效,减少工件受力变形和受热变形对 2 - ϕ80 mm 孔加工精度的影响。精铣 N 面后,N 面与 2 - ϕ10F9 孔的垂直度误差难以通过精铰孔纠正，故对这两孔加工改为扩铰，并在前面的工序中预留足够的余量。

4 - ϕ13 mm 孔尽管是次要表面，但在钻扩铰 2 - ϕ10F9 孔时，也将 4 - ϕ13 mm 的孔钻出，可以节约一台钻床和一套专用夹具，能降低生产成本，而且工时也不长。

同理，钻 ϕ20 mm 孔工序也应合并到扩铰 Sϕ30H9 球形孔工序中。这组孔在精镗 2 - ϕ80H7 孔后加工，容易保证其轴线与 2 - ϕ80H7 孔轴线的位置精度。

工序 140 工步太多，工时太长，考虑到整个生产线的节拍，8 - M12 螺纹孔的攻螺纹作另一道工序。

修改后的工艺路线见表 2-7。

表 2-7 修改后的工艺路线

序号	工序内容	简要说明
	铸造	
	时效	消除内应力
	涂底漆	防止生锈
10	粗铣 N 面	先加工基准面
20	钻扩铰 2 - ϕ10F9 孔至 2 - ϕ9F9，孔口倒角 1 × 45°，钻孔 4 - ϕ13	留精扩铰余量
30	粗铣 R 面及 Q 面	先加工面
40	铣凸台面	
50	粗镗孔 2 - ϕ80，孔口倒角 1 × 45°	后加工孔粗加工结束
60	精铣 N 面	精加工开始
70	精扩铰孔 2 - ϕ10F9 孔至 2 - ϕ10F7（工艺要求）	提高工艺基准精度
80	精铣 R 面及 Q 面	先加工面
90	精镗孔 2 - ϕ80H7	后加工孔
100	钻孔 ϕ20，扩铰球形孔 $S\phi$30H9，钻 4 - M6 螺纹底孔，孔口倒角 1 × 45°，攻螺纹 4 - M6 - 6H	次要表面在后面加工
110	锪平面 4 - ϕ22	
120	钻 8 - M12 螺纹底孔，孔口倒角 1 × 45°，钻铰孔 2 - ϕ8N8，孔口倒角 1 × 45°	
130	攻螺纹 8 - M12 - 6H	工序分散
140	检验	
150	入库	

2.4.4.3 工艺设计

1. 选择加工设备及工艺装备

由于生产类型为大批生产，故加工设备宜以通用机床为主，辅以少量专用机床。其生产方式为以通用机床加专用夹具为主，辅以少量专用机床的流水生产线。工件在各机床上的装卸及各机床间的传送均由人工完成。

（1）粗铣 N 面。考虑到工件的定位夹紧方案及夹具结构设计等问题，采用立铣，选择 X52K 立式铣床。选择直径 D 为 ϕ200 mm 的 C 类可转位面铣刀、专用夹具和游标卡尺。

(2)精铣 N 面。由于定位基准的转换，宜采用卧铣，选择 X62W 卧式铣床。选择与粗铣相同型号的刀具。采用精铣专用夹具及游标卡尺、刀口形直尺。

(3)铣凸台面。采用立式铣床 X52K、莫氏锥柄面铣刀、专用铣夹具、专用检具。粗铣 R 面及 Q 面采用卧式双面组合铣床，因切削功率较大，故采用功率为 5.5 kW 的 1T×32 型铣削头。选择直径为 ϕ160 mm 的 C 类可转位面铣刀、专用夹具、游标卡尺。

(4)精铣 R 面及 Q 面。采用功率为 1.5 kW 的 1T×b20M 型铣削头组成的卧式双面组合机床。精铣刀具类型与粗铣的相同，采用专用夹具。

(5)粗镗 2－ϕ80H7。采用卧式双面组合镗床，选择功率为 1.5 kW 的 1TA20 镗削头。选择镗通孔的镗刀、专用夹具、游标卡尺。

(6)精镗 2－ϕ80H7 孔。采用卧式双面组合镗床，选择功率为 1.5 kW 的 1TA20M 镗削头。选择精镗刀、专用夹具。

(7)工序 20(钻扩铰孔 2－ϕ10F9 至 2－ϕ9F9，孔口倒角 1×45°，钻孔 4－ϕ13 mm)。选用摇臂钻床 Z3025。选用锥柄麻花钻、锥柄扩孔复合钻，扩孔时倒角。选用锥柄机用铰刀、专用夹具、快换夹头、游标卡尺及塞规。锪 4－ϕ22 mm 平面选用直径为 ϕ22 mm、带可换导柱锥柄平底锪钻，导柱直径为 ϕ13 mm。

(8)工序 100。所加工的最大钻孔直径为 ϕ20 mm，扩铰孔直径为 ϕ30 mm。故仍选用摇臂钻床 Z3025。钻 ϕ20 mm 孔选用锥柄麻花钻，扩铰 $S\phi$30H9 孔用专用刀具，钻 4－M6 螺纹底孔用锥柄阶梯麻花钻，攻螺纹采用机用丝锥及丝锥夹头。采用专用夹具。ϕ20 mm、ϕ30 mm 孔径用游标卡尺测量，4－M6 螺孔用螺纹塞规检验，球形孔 $S\phi$30H9 及尺寸 $6^{+0.2}_{0}$ mm 用专用量具测量，孔轴线的倾斜角 30°用专用检具测量。

(9)钻 8－M12 螺纹底孔及 2－ϕ8N8 孔。选用摇臂钻床 Z3025 加工。钻 8－M12 螺纹底孔选用锥柄阶梯麻花钻，选用锥柄复合麻花钻及锥柄机用铰刀加工 2－ϕ8N8 孔。采用专用夹具。选用游标卡尺和塞规检查孔径。

(10)攻螺纹 8－M12。攻螺纹选用摇臂钻。采用机用丝锥、丝锥夹头、专用夹具和螺纹塞规。

2. 加工工序设计

确定工序尺寸一般的方法是，由加工表面的最后工序往前推算，最后工序的工序尺寸按零件图样的要求标注。当无基准转换时，同一表面多次加工的工序尺寸只与工序(或工步)的加工余量有关。有基准转换时，工序尺寸应用工艺尺寸链解算。

1)工序 10 粗铣及工序 60 精铣 N 面工序

查有关手册平面加工余量表，得精加工余量 Z_N 为 1.5 mm。已知 N 面总余量 $Z_{N总}$ 为 5 mm，故粗加工余量 $Z_{N粗}=5-1.5=3.5$ (mm)。

如图 2-12 所示，精铣 N 面工序中以 B 孔定位，N 面至 B、A 孔轴线的工序尺寸即为设计尺寸 $X_{N-B精}=(46\pm0.05)$ mm，则粗铣 N 面工序尺寸 $X_{N-B粗}$ 为 47.5 mm。

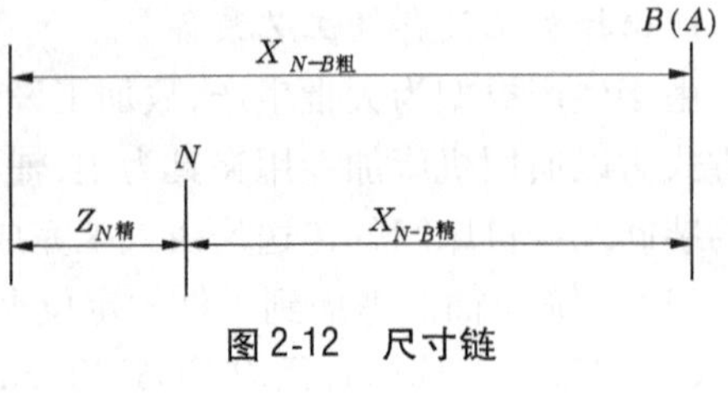

图 2-12　尺寸链

根据平面加工方法，得粗铣加工公差等级为 IT11～IT13，取 IT11，其公差为 0.16

mm,所以 $X_{N-B粗} = (47.5 \pm 0.08)$ mm(中心距公差对称标注)。

校核精铣余量 $Z_{N精}$:

$$
\begin{aligned}
Z_{N精\min} &= X_{N-B精\min} - X_{N-B精\max} \\
&= (47.5 - 0.16) - (46 + 0.05) = 1.29\ (\text{mm})
\end{aligned}
$$

故余量足够。

查阅有关手册,取粗铣的每齿进给量 $f_z = 0.2$ mm/齿,精铣的每齿进给量 $f_z = 0.05$ mm/齿;粗铣走刀 1 次,$a_p = 3.5$ mm;精铣走刀 1 次,$a_p = 1.5$ mm。

取粗铣的主轴转速为 150 r/min,取精铣的主轴转速为 300 r/min。又前面已选定铣刀直径为 $\phi200$ mm,故相应切削速度分别为:

粗加工 $$v_c = \frac{\pi Dn}{1\,000} = \frac{3.14 \times 200 \times 150}{1\,000} = 94.2\ (\text{m/min})$$

精加工 $$v_c = \frac{\pi Dn}{1\,000} = \frac{3.14 \times 200 \times 300}{1\,000} = 188.4\ (\text{m/min})$$

校核机床功率(一般只校核粗加工工序):参考有关资料,铣削时的切削功率为:

$$P_c = 167.9 \times 10^{-5} a_p^{0.9} f_z^{0.74} a_e z n k_{pc}$$

$z = 10$ 齿,$n = \frac{150}{60} = 2.5\ (\text{r/s})$,$a_e = 168$ mm,$a_p = 3.5$ mm,$f_z = 0.2$ mm/齿,$k_{pc} = 1$,将其代入式中,得:

$$P_c = 167.9 \times 10^{-5} \times 3.5^{0.9} \times 0.2^{0.74} \times 168 \times 10 \times 2.5 \times 1 = 6.62\ (\text{kW})$$

又从机床 X52K 说明书(主要技术参数)得机床功率为 7.5 kW,机床传动效率一般取 0.75 ~ 0.85,若取 $\eta_m = 0.85$,则机床电动机所需功率 $P_E = P_c/\eta_m = 6.62/0.85 = 7.79\ (\text{kW}) > 7.5$ kW。

故重新选择粗加工时的主轴转速为 118 r/min(低 1 挡速),则:

$$v_c = \frac{\pi Dn}{1\,000} = \frac{3.14 \times 200 \times 118}{1\,000} = 74.1\ (\text{m/min})$$

将其代入公式得:

$$P_c = 167.9 \times 10^{-5} \times 3.5^{0.9} \times 0.2^{0.74} \times 168 \times 10 \times \frac{118}{60} \times 1 \approx 5.2\ (\text{kW})$$

$$P_E = \frac{P_c}{\eta_m} = \frac{5.2}{0.85} \approx 6.1\ (\text{kW}) < 7.5\ \text{kW}$$

故机床功率足够。

2)工序 20 钻扩铰 2 - ϕ10F9 至 2 - ϕ9F9,钻 4 - ϕ13 mm 孔

2 - ϕ9F9 孔扩、铰余量参考有关手册取 $Z_扩 = 0.9$ mm,$Z_铰 = 0.1$ mm,由此可算出 $Z_钻 = 9/2 - 0.9 - 0.1 = 3.5$ (mm)。4 - ϕ13 mm 孔因一次钻出,故其钻削余量为 $Z_钻 = 13/2 = 6.5$ (mm),各工步余量和工序尺寸及公差见表 2-8。

孔和孔之间的位置尺寸如(140 ± 0.05) mm,以及 $\boxed{140}$ mm、$\boxed{142}$ mm、$\boxed{40}$ mm、4 - ϕ13 mm 孔的位置度要求均由钻模保证。与 2 - ϕ80 mm 孔轴线相距尺寸(66 ± 0.2) mm 因基准重合,无须换算。

表 2-8　各工步余量和工序尺寸及公差　　　　(单位:mm)

加工表面	加工方法	余量	公差等级	工序尺寸
$2-\phi9F9$	钻孔	3.5	—	$\phi7$
$2-\phi9F9$	扩孔	0.9(单边)	H10	$\phi8.8^{+0.058}_{0}$
$2-\phi9F9$	铰孔	0.1(单边)	F9	$\phi9^{+0.049}_{+0.013}$
$4-\phi13$	钻孔	6.5	—	$\phi13$

沿 $2-\phi80$ mm 的孔轴线方向的定位是以内侧面用定心机构实现的。这种方案利用保证两内侧中心面与 R、Q 两端面的中心面重合,外形对称,所以 $2-\phi9F9$ 两孔连心线至内侧中心面的距离尺寸 $X_{G-中}$需要经过计算。其工艺尺寸链如图 2-13 所示。

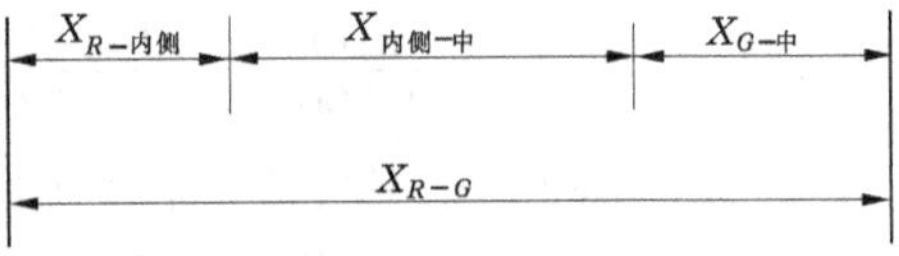

图 2-13　钻定位孔工艺尺寸链

图中,$X_{R-内侧}$为零件图上 R 面与内侧尺寸 $38^{\ 0}_{-1.1}$ mm,是封闭环;$X_{内侧-中}$为内腔尺寸 (92 ± 1) mm 的一半,即为 (46 ± 0.5) mm;X_{R-G}为零件图上销孔连线与 R 面的尺寸 (115 ± 0.1) mm,用概率法计算如下:

$$X_{R-内侧} = 38^{\ 0}_{-1.1}\ \text{mm} = 37.45 \pm 0.55\ \text{mm}$$

$$X_{R-内侧} = X_{R-G} - X_{内侧-中} - X_{G-中}$$

$$X_{G-中} = X_{R-G} - X_{内侧-中} - X_{R-内侧} = 115 - 46 - 37.45 = 31.55\ (\text{mm})$$

$$X^2_{R-内侧} = X^2_{R-G} + X^2_{内侧-中} + X^2_{G-中}$$

$$X^2_{G-中} = (X^2_{R-内侧} - X^2_{R-G} - X^2_{内侧-中})^{\frac{1}{2}} = (1.1^2 - 0.2^2 - 1^2)^{\frac{1}{2}} = 0.412\ (\text{mm})$$

故 $X_{G-中} = 31.55\pm0.206\ \text{mm} \approx 31.55\pm0.2\ \text{mm}$。

参考 Z3025 机床技术数据表,取钻孔 $4-\phi13$ mm 的进给量 $f=0.4$ mm/r,取钻孔 $2-\phi9$ mm 的进给量 $f=0.3$ mm/r。参考有关资料,得钻孔 $\phi13$ mm 的切削速度 $v_c=0.445$ m/s $=26.7$ m/min,由此算出转速为:

$$n = \frac{1\,000v_c}{\pi D} = \frac{1\,000\times26.7}{3.14\times13} = 654\ (\text{r/min})$$

按机床实际转速取 $n=630$ r/min,则实际切削速度为:

$$v_c = \frac{3.14\times13\times630}{1\,000} \approx 25.7\ (\text{m/min})$$

同理,参考有关资料得钻孔 $\phi7$ mm 的 $v_c=0.435$ m/s $=26.1$ m/min,由此算出转速为:

$$n = \frac{1\,000v_c}{\pi D} = \frac{1\,000\times26.1}{3.14\times7} = 1\,187\ (\text{r/min})$$

按机床实际转速取 $n=1\,000$ r/min,则实际切削速度为:

$$v_c = \frac{3.14\times7\times1\,000}{1\,000} \approx 22\ (\text{m/min})$$

查有关资料得:

$$F_f = 9.81\times42.7d_0f^{0.8}K_F\quad(\text{N})$$

$$M = 9.81 \times 0.021 d_0^2 f^{0.8} K_M \quad (\text{N} \cdot \text{m})$$

分别求出钻 $\phi13$ mm 孔和钻 $\phi7$ mm 的 F_f 和 M 如下：

$$F_f = 9.81 \times 42.7 \times 13 \times 0.4^{0.8} \times 1 = 2\ 616\ (\text{N})$$

$$M = 9.81 \times 0.021 \times 13^2 \times 0.4^{0.8} \times 1 = 16.72\ (\text{N} \cdot \text{m})$$

$$F_f = 9.81 \times 42.7 \times 7 \times 0.3^{0.8} \times 1 = 1\ 119\ (\text{N})$$

$$M = 9.81 \times 0.021 \times 7^2 \times 0.3^{0.8} \times 1 = 3.85\ (\text{N} \cdot \text{m})$$

扩孔 2 - $\phi8.8$ mm，参考有关资料，并参考机床实际进给量，取 $f = 0.3$ mm/r（因扩的是盲孔，所以进给量取的较小）。参考有关资料，扩孔切削速度为钻孔时的 1/2 ~ 1/3，故取 $v_c = 1/2 \times 22 = 11$ (m/min)，由此算出转速为：

$$n = \frac{1\ 000 v_c}{\pi d} = \frac{1\ 000 \times 11}{3.14 \times 8.8} = 398\ (\text{r/min})$$

按机床实际转速取 $n = 400$ r/min。参考有关资料，铰孔的进给量取 $f = 0.3$ mm/r（因铰的是盲孔，所以进给量取的较小）。同理，参考有关资料，取铰孔的切削速度为 $v_c = 0.3$ m/s = 18 m/min。由此算出转速为：

$$n = \frac{1\ 000 v_c}{\pi d} = \frac{1\ 000 \times 18}{3.14 \times 9} = 636.9\ (\text{r/min})$$

按机床实际转速取 $n = 630$ r/min，则实际切削速度为：

$$v_c = \frac{\pi d n}{1\ 000} = \frac{3.14 \times 9 \times 630}{1\ 000} = 17.8\ (\text{m/min})$$

3）工序 50 粗镗

粗镗以后的直径为 $\phi79.5$ mm，故两孔的精镗余量为：

$$Z_{A精} = Z_{B精} = \frac{80 - 79.5}{2} = 0.25\ (\text{mm})$$

精镗工序的余量和工序尺寸及公差见表 2-9。

表 2-9　镗孔余量和工序尺寸及公差　　（单位：mm）

加工表面	加工方法	余量	精度等级	工序尺寸及公差
2 - $\phi80$	粗镗	2.75	H10	$\phi79.5^{+0.120}_{0}$
2 - $\phi80$	粗镗	0.25	H7	$\phi80^{+0.030}_{0}$

因粗镗、精镗孔时都以 N 面及两销钉定位，故孔与 N 面之间的粗镗工序尺寸（47.5 ± 0.08）mm，均系基准重合，所以不需做尺寸链计算。

两孔的同轴度 $\phi0.04$ mm 由机床保证。与 R 面及 Q 面的垂直度 $\phi0.1$ mm 是间接获得的。在垂直方向，它由 2 - $\phi80$ mm 孔轴线与 N 面的平行度 0.07 mm 及 R 面和 Q 面对 N 面的垂直度来保证。取一极限位置如图 2-14 所示，计算精铣 R 面及 Q 面工序中 Q 面对 N 面的垂直度公差 $X_{Q-N垂}$。

图 2-14 中，$Y_{孔-Q垂}$ 为孔轴线对 Q 面的垂直度 $\phi0.1$ mm，它是封闭环；$Y_{Q-N垂}$ 为 Q 面对 N 面在 168 长度上的垂直度，$Y_{孔-N平}$ 为孔轴线对 N 面的平行度 0.07 mm。

因在精铣 R 面和 Q 面及精镗 $2-\phi80$ 孔两工序中，面和孔轴线的位置都做到极限位置的情况很少，故用概率法计算此尺寸链，使加工方便。

因为

$$Y_{孔-Q垂}=[(Y_{孔-N平})^2+(Y_{Q-N垂})^2]^{\frac{1}{2}}$$

$$Y_{Q-N垂}=[(Y_{孔-Q垂})^2-(Y_{孔-N平})^2]^{\frac{1}{2}}$$

$$=(0.1^2-0.007^2)^{\frac{1}{2}}\approx0.07(\text{mm})$$

在图 2-14 中，因为 $\angle BAC=\angle EDF$，所以

$$\frac{CB}{CA}=\frac{EF}{FD}$$

则
$$X_{Q-N垂}=FE=\frac{CB\times FD}{CA}=\frac{0.07\times(46+55)}{168}\approx0.04\ (\text{mm})$$

同理，R 面与 N 面的垂直度公差也应为 0.04 mm。

$2-\phi80$ mm 孔轴线与 R 面的垂直度 $\phi0.1$ mm 在水平方向是由 R 面对定位销孔连线的平行度 0.06 mm 及 $2-\phi80$ mm 孔对定位销孔连线的垂直度保证的。取一极限位置，如图 2-15 所示，计算精镗 $2-\phi80$ mm 孔工序中 $2-\phi80$ mm 孔轴线对定位销孔连线的垂直度公差 $Y_{孔-G垂}$。

图 2-15 中，$Y_{孔-R垂}$ 为轴线对 R 面的垂直度 $\phi0.1$ mm，它是封闭环；$Y_{R-G平}$ 为 R 面对定位销孔连线的平行度 0.06 mm，由于 $\Delta ABC\cong\Delta EFH$，所以 $Y_{R-G平}=X_{G-R平}$。同理，也用概率法计算此尺寸链如下。

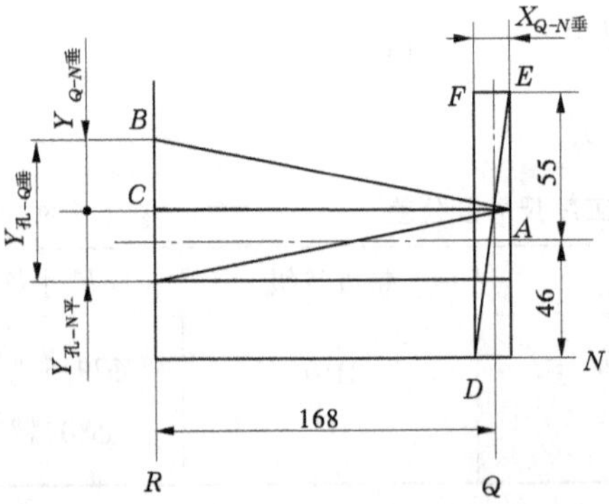

图 2-14　Q 面对 N 面的垂直度尺寸链

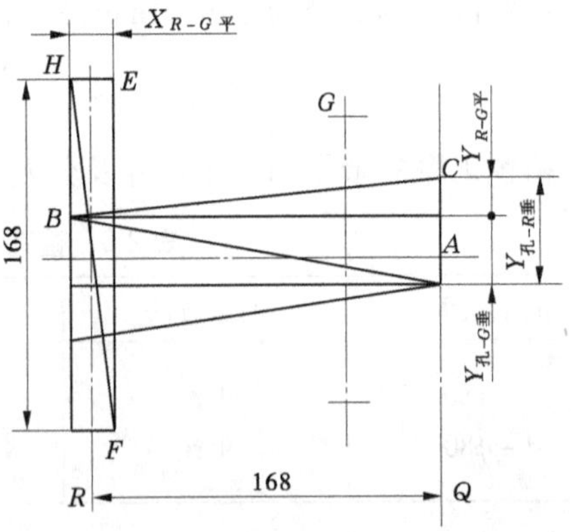

图 2-15　孔对销孔连线的垂直度尺寸链

因为
$$Y_{孔-R垂}=[(Y_{R-G平})^2+(Y_{孔-G垂})^2]^{\frac{1}{2}}$$

所以
$$Y_{孔-G垂}=[(Y_{孔-R垂})^2-(Y_{R-G平})^2]^{\frac{1}{2}}=(0.1^2-0.06^2)^{\frac{1}{2}}\approx0.08\ (\text{mm})$$

$Y_{孔-G垂}$ 受两定位销孔与定位销配合间隙而引起的转角误差的影响，如图 2-16 所示。参考有关夹具设计资料设计两定位销如下。

按零件图给出的尺寸，两销孔为 $2-\phi10^{+0.040}_{+0.013}$ mm；中心距尺寸为（140 ± 0.05）mm。取两定位销中心距尺寸为（140 ± 0.15）mm。按基轴常用配合为 F8/h9，即圆柱销为

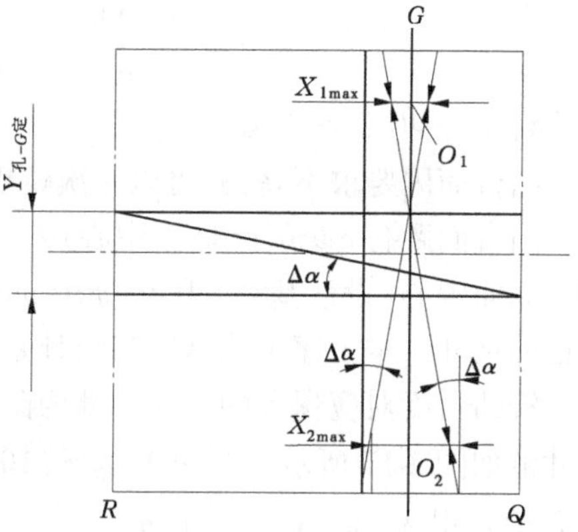

图 2-16　定位副的转角误差

$\phi10h9 = 10_{-0.036}^{\ 0}$ mm。查有关资料，取菱形销的 $b=4$ mm，$B=8$ mm，由于

$$a = \frac{\delta_{LD} + \delta_{Ld}}{2} = \frac{(0.05 + 0.015) \times 2}{2} = 0.065(\text{mm})$$

因此菱形销最小间隙为：

$$X_{2\min} = \frac{2ab}{D_{2\min}} = \frac{2 \times 0.065 \times 4}{10 + 0.013} = 0.052\ (\text{mm})$$

菱形销的最大直径为：

$$d_{2\max} = D_{2\min} - X_{2\min} = (10.013 - 0.052) = 9.961\ 2(\text{mm})$$

故菱形销为：

$$d_2 = \phi9.961h9 = \phi9.961_{-0.036}^{\ 0} = \phi10_{-0.075}^{+0.039}(\text{mm})$$

下面计算转角误差：

$$\tan\Delta\alpha = \frac{X_{1\max} + X_{2\max}}{2L} = \frac{(0.049 + 0.036) + (0.049 + 0.075)}{2 \times 140} = 0.000\ 74$$

由 $\Delta\alpha$ 引起的定位误差 $Y_{孔-G定} = 168 \times \tan\Delta\alpha$，故该方案也不可行。

同理，该转角误差也影响精铣 R 面时 R 面对两销孔连线的平行度 0.06 mm，此时定位误差也大于工件公差，即 0.118 mm > 0.06 mm，故该方案也不可行。

解决上述定位精度问题的方法是尽量提高定位副的制造精度。如将 2 - ϕ10F9 提高精度至 2 - ϕ10F7，两孔中心距尺寸（140 ± 0.05）mm，提高精度至（140 ± 0.03）mm，并相应提高两定位销的径向尺寸及两销中心距尺寸的精度，这样定位精度能大大提高，所以工序 70"精扩铰孔 2 - ϕ10F9 并提高精度至 2 - ϕ10F7"对保证加工精度有着重要作用。此时，经误差计算和公式校核，可满足精度要求。

粗镗孔时因余量为 2.75 mm，故 $a_p = 2.75$ mm。

查有关资料取 $v_c = 0.4$ m/s = 24 m/min，取进给量 $f = 0.2$ mm/r。

查有关资料得：

$$F_c = 9.81 C_{Fc} a_p^{x_{Fc}} \cdot f^{y_{Fc}} v_c^{n_{Fc}} \cdot K_{F_c}$$

$$P_c = F_c \times v_c \times 10^{-3}$$

取 $C_{Fc} = 180$，$x_{Fc} = 1$，$y_{Fc} = 0.75$，$n_{Fc} = 0$，$K_{Fc} = 1$，代入上式得：

$$F_c = 9.81 \times 180 \times 2.75 \times 0.2^{0.75} \times 0.4^0 \times 1 = 1\ 452.3\ (\text{N})$$

$$P_c = 1\ 452.3 \times 0.4 \times 10^{-3} = 0.58\ (\text{kW})$$

取机床效率为 0.85，则所需机床功率为 0.58 ÷ 0.85 = 0.68（kW）< 1.5 kW，故机床功率足够。

精镗孔时，因余量为 0.25 mm，故 $a_p = 0.25$ mm。

查有关资料，取 $v_c = 1.2$ m/s = 72 m/min，取 $f = 0.12$ mm/r，则

$$n = \frac{1\ 000v_c}{\pi d} = \frac{1\ 000 \times 72}{3.14 \times 80} \approx 287\ (\text{r/min})$$

4)工序 40 铣凸台面

凸台面因要求不高,故可以一次铣出,其工序余量即等于总余量 4 mm。

凸台面距孔 $S\phi30H9$ 球面中心 $6^{+0.2}_{0}$ mm。这个尺寸是在扩铰孔 $S\phi30H9$ 时直接保证的。球面中心(设计基准)距 $2-\phi80$ mm 孔轴线(工艺基准)(100 ±0.05) mm 则为间接保证的尺寸。本工序工艺基准与设计基准不重合,有基准不重合误差。

铣凸台面对应保证的工序尺寸为凸台面距 $2-\phi80$ mm 孔轴线的距离 X_{D-B}。其工艺尺寸链如图 2-17 所示。图中 $X_{S-B}=(100\pm0.05)$ mm,$X_{S-D}=6^{+0.2}_{0}$ mm,用竖式法计算(见表 2-10),得 $X_{D-B}=106^{+0.5}_{-0.3}$ mm。

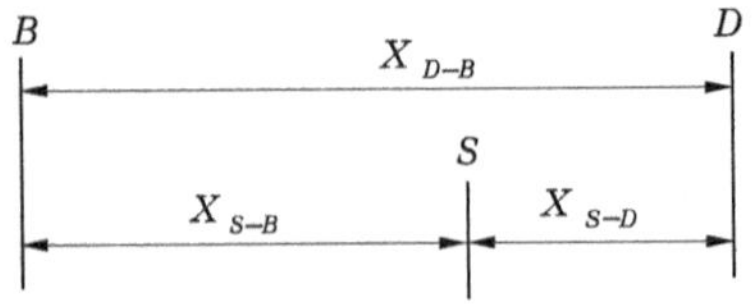

图 2-17 铣凸台面工艺尺寸链

表 2-10 竖式法计算 (单位:mm)

基本尺寸	上偏差	下偏差
增环 106	+0.5	−0.3
减环 0	0	−0.2
封闭环 100	+0.5	−0.5

本工序的切削用量及其余次要工序设计略。

5)时间定额计算

计算工序 20 的时间定额。

(1)机动时间。参考有关资料,得钻孔的计算公式为:

$$t_j = \frac{l + l_1 + l_2}{fn}$$

式中,$l_1 = \frac{D}{2}\cot k_r + (1\sim2)$,$l_2 = 1 \sim 4$,钻盲孔时 $l_2=0$。

对钻孔 $4-\phi13$ mm 有:

$$l_1 = \frac{13}{2}\cot\left(\frac{118^\circ}{2}\right) + 1.5 = 5.4\ (\text{mm})$$

$l=19.5$ mm,取 $l_2=3$ mm。将以上数据及前面已选定的 f 及 n 代入公式,得:

$$t_j = \frac{19.5 + 5.4 + 3}{0.4 \times 630} = 0.11\ (\text{min})$$

$$4t_j = 4 \times 0.11 = 0.44\ (\text{min})$$

对钻孔 $2-\phi7$ mm 有:$l_1 = \frac{7}{2}\cot\left(\frac{118^\circ}{2}\right) + 1.5 \approx 3.6\ (\text{mm})$,$l = 11.5$ mm,$l_2 = 0$。将以上数据及前面已选定的 f 及 n 代入公式,得:

$$t_j = \frac{11.5 + 3.6 + 0}{0.3 \times 1\ 000} = 0.05\ (\text{min})$$

$$2t_j = 2 \times 0.05 = 0.1\ (\text{min})$$

参考有关资料，得扩孔和铰孔的计算公式为：

$$t_j = \frac{l + l_1 + l_2}{fn}$$

$$l_1 = \frac{D - d_1}{2}\cot k_r + (1 \sim 2)$$

扩盲孔和铰盲孔时 $l_2 = 0$。对扩孔 $2 - \phi 8.8$ mm 有：

$$l_1 = \frac{8.8 - 7}{2}\cot 60° + 1.5 \approx 2\ (\text{mm}), l = 11.5\ \text{mm},\ l_2 = 0$$

将以上数据及前面已选定的 f 及 n 代入公式，得：

$$t_j = \frac{11.5 + 2 + 0}{0.3 \times 400} = 0.11\ (\text{min})$$

$$2t_j = 2 \times 0.11 = 0.22\ (\text{min})$$

对铰孔 $2 - \phi 9$ mm 有：

$$l_1 = \frac{9 - 8.8}{2}\cot 45° + 1.5 = 1.6\ (\text{mm})$$

将以上数据及前面已选定的 f 及 n 代入公式，得：

$$t_j = \frac{11.5 + 1.6 + 0}{0.3 \times 630} \approx 0.07\ (\text{min})$$

$$2t_j = 2 \times 0.07 = 0.14\ (\text{min})$$

(2) 总机动时间 t_j（基本时间 t_b）为：

$$t_b = 0.44 + 0.1 + 0.22 + 0.14 = 0.9(\text{min})$$

其余时间计算略。

2.4.4.4 编写机械加工工艺过程卡和工序卡

填写机械加工工艺过程卡和机械加工工序卡，见附表 3-1 ~ 附表 3-14。

§2.5 某齿轮零件的工艺设计

2.5.1 设计任务书

_________系

机械制造技术课程设计任务书

设计题目："齿轮"零件的机械加工工艺规程的设计

生产纲领：2 000 台/年，1 件/台；设其备品率为 10%，机械加工废品率为 1%，每日 1 班。

内容：1. 零件图　　1 张

2. 毛坯图　　1 张

3. 机械加工工艺过程卡片　　1 张

4. 机械加工工序卡片　　1 份

5. 提出夹具设计任务书

6. 说明书　　1 份

班级：__________ 学生：__________ 学号：__________

指导教师：________________

教研室主任：________________

____年____月____日

2.5.2 齿轮零件的工艺分析

2.5.2.1 齿轮零件分析

图 2-18 所示为某产品上的一个齿轮零件。年产量为：

$$N = Qn(1 + a\% + b\%) = 2\,000 \times 1 \times (1 + 10\% + 1\%) = 2\,220\ (件/年)$$

齿轮零件的年产量为 2 220 件，该产品属于轻型机械，根据生产类型与生产纲领的关系，确定其生产类型为中批生产。齿轮零件的图样的视图正确、完整，尺寸、公差及技术要求齐全。但基准孔 ϕ68K7 mm 要求 R_a 为 0.8 μm 有些偏高。一般 8 级精度的齿轮，其基准孔要求 R_a 为 1.6 μm 即可。

2.5.2.2 齿轮零件的工艺分析

本零件各表面的加工并不困难。关于 4 个 ϕ5 mm 的小孔，其位置是在外圆柱面上 6 mm×1.5 mm 的沟槽内，孔中心线距沟槽一侧面的距离为 3 mm。由于加工时，不能选用沟槽的侧面为定位基准，故要较精确地保证上述要求则比较困难。分析该小孔是做油孔之用，位置精度不需要太高的要求，只要钻到沟槽之内，即能使油路通畅，因此 4 个 ϕ5 mm 孔的加工亦不成问题。

2.5.3 确定齿轮毛坯、绘制毛坯图

2.5.3.1 确定齿轮毛坯类型

齿轮是最常用的传动件，要求具有一定的强度。该零件的材料为 45 钢，轮廓尺寸不大，形状亦不复杂，又属成批生产，故毛坯可采用模锻成型。零件形状并不复杂，因此毛坯形状可以与零件的形状尽量接近。即外形做成台阶形，内部孔锻出。

2.5.3.2 确定毛坯齿轮尺寸

1. 确定机械加工余量

钢质模锻件的机械加工余量按 JB 3835—85 确定。确定时，根据估算的锻件质量、加工精度及锻件形状复杂系数，由工艺设计手册可查得除孔以外各内外表面的加工余量。孔的加工余量由工艺设计手册查得。表中余量值为单面余量。

(1)锻件质量。根据零件成品质量 1.36 kg 估算为 2.2 kg。

(2)加工精度。零件除孔以外的各表面为一般加工精度 F1。

(3)锻件形状复杂系数 S

$$S = m_{锻件}/m_{外廓包容件}$$

假设锻件的最大直径为 ϕ21 mm，长 68 mm，则

$$m_{外廓包容件} = \pi\left(\frac{12.1}{2}\right)^2 \times 6.8 \times 7.85 = 6\,138(\mathrm{g}) = 6.138\ \mathrm{kg}$$

$$m_{锻件} = 2.2\ \mathrm{kg}$$

$$S = 2.2/6.138 = 0.359$$

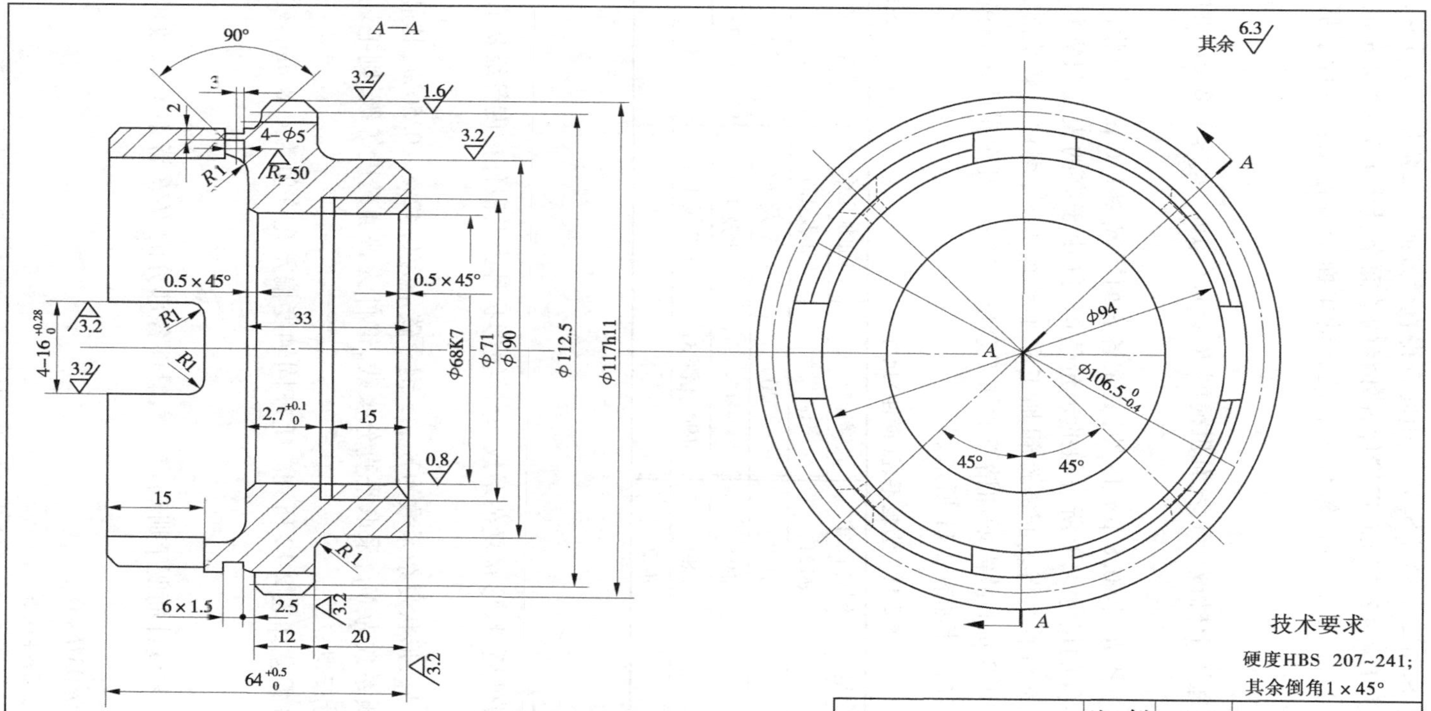

技术要求

硬度HBS 207~241;

其余倒角1×45°

模　数	2.25
齿　数	50
精　度	8FL（GB10095—88）
公法线长度	38.11
公法线公差	−0.086 −0.289

齿　轮		比　例	1:1	84002	
		件　数	1		
制　图		质　量	1.36 kg	材　料	45　钢
指　导					
审　核					

图 2-18　齿轮零件图

按工艺设计简明手册，可定形状复杂系数为 S_2，属一般级别。

(4)机械加工余量。根据锻件质量、F_1、S_2，查工艺设计手册。由于表中形状复杂系数只列有 S_1 和 S_3，则 S_2 参考 S_1 定，S_4 参考 S_3 定。由此查得直径方向加工余量为 1.7～2.2 mm，水平方向加工余量亦为 1.7～2.2 mm，即锻件各外径的单面余量为 1.7～2.2 mm，各轴向尺寸的单面余量亦为 1.7～2.2 mm。锻件中心两孔的单面余量查工艺设计手册为 2.5 mm。

2. 确定毛坯尺寸

上面查得的加工余量适用于机械加工表面粗糙度 $R_a \geqslant 1.6$ μm。$R_a < 1.6$ μm 的表面，余量要适当增大。

分析本零件，除 ϕ68K7 孔 R_a 为 0.8 μm 以外，其余各表面皆 $R_a \geqslant 1.6$ μm，因此这些表面的毛坯尺寸只需将零件的尺寸加上所查得的余量值即可(由于有的表面只需粗加工，这时可取所查数据中的小值。当表面需经粗加工和半精加工时，可取其较大值)。ϕ68K7 孔采用精镗达到 $R_a 0.8$ μm，故需增加精镗的加工余量。参考磨孔余量确定精镗孔单面余量为 0.5 mm，则毛坯尺寸如表 2-11 所示。

表 2-11　齿轮毛坯(锻件)尺寸　(单位:mm)

零件尺寸	单面加工余量	锻件尺寸	零件尺寸	单面加工余量	锻件尺寸
ϕ117h11	2	ϕ121	$64^{+0.5}_{0}$	2 及 1.7	67.7
$\phi 106.5^{0}_{-0.4}$	1.75	ϕ110	20	2 及 2	20
ϕ90	2	ϕ94	12	2 及 1.7	15.7
ϕ94	2.5	ϕ89	ϕ94 孔深 31	1.7 及 1.7	31
ϕ68K7	3	ϕ62			

2.5.3.3　绘制毛坯图

1. 确定毛坯尺寸及公差

毛坯尺寸公差根据锻件质量、形状复杂系数、分模线形状种类及锻件精度等级从有关的表中查得。

本零件锻件质量 2.2 kg，形状复杂系数为 S_2，45 钢含碳量为 0.42%～0.50%，其最高含碳量为 0.5%，锻件材质系数为 M_1，采取平直分模线，锻件为普通精度等级，则毛坯公差可从工艺设计简明手册查得。

本零件毛坯尺寸允许偏差如表 2-12 所列。毛坯同轴度偏差允许值为 0.8 mm，残留飞边为 0.8 mm。

2. 确定圆角半径

锻件的圆角半径按工艺设计简明手册确定。本锻件各部分的 H/B 皆小于 2，故可用下式计算：

外圆角半径　$r = 0.05H + 0.5$

内圆角半径　$R = 2.5r + 0.5$

为简化起见，本锻件的内外圆角半径分别取相同数值。以最大的 H 进行计算

$$r = 0.05 \times 32 + 0.5 = 2.1\ (\text{mm})$$

表 2-12　齿轮毛坯(锻件)尺寸允许偏差　　(单位:mm)

锻件尺寸	偏差	根据	锻件尺寸	偏差	根据
ϕ121	ES +1.7	工艺设计简明手册	ϕ62(ϕ54)	ES +0.6	工艺设计简明手册
	EI −0.8			EI −1.4	
ϕ110	ES +1.5		20	±0.9	
	EI −0.7		31	±1.0	
ϕ94	ES +1.5		15.7	ES +1.2	工艺设计简明手册
	EI −0.7			EI −0.4	
ϕ89	ES +0.7		67.7	ES +1.7	
	EI −1.5			EI −0.5	

r 圆整为 2.5 mm。

$$R = 2.5 \times 2.5 + 0.5 = 6.75\ (\text{mm})$$

R 圆整为 7 mm。

以上所取的圆角半径数值能保证各表面的加工余量。

3. 确定起模角

本锻件由于上、下模模膛深度不相等,起模角应以模膛较深的一侧计算。

$$\frac{B}{L} = \frac{110}{110} = 1, \frac{H}{B} = \frac{32}{110} = 0.291$$

按工艺设计简明手册查得,外起模角 $\alpha = 5°$,内起模角 $\beta = 7°$。

4. 确定分模位置

由于毛坯是 $H < D$ 的圆盘类锻件,应采取轴向分模,这样可冲内孔,使材料利用率得到提高。为了便于起模及便于发现上、下模在模锻过程中的错移,分模线位置选在最大外径的中部,分模线为直线。

5. 确定毛坯的热处理方式

钢质齿轮毛坯经锻造后应安排正火,以消除残留的锻造应力,并使不均匀的金相组织通过重新结晶而得到细化、均匀的组织,从而改善加工性。

6. 绘制零件的毛坯图

零件毛坯图如图 2-19 所示。

2.5.4　齿轮工艺设计

2.5.4.1　基准选择

1. 粗基准的选择

由于本齿轮全部表面都需要加工,而孔作为精基准应先进行加工,因此应选外圆及一端面为粗基准。外圆 ϕ17h11 处为分模面,表面不平整有飞边等缺陷,定位不可靠,故不能作为粗基准。

2. 精基准的选择

本零件是带孔的盘状齿轮,孔是其设计基准(亦是装配基准和测量基准),为避免由

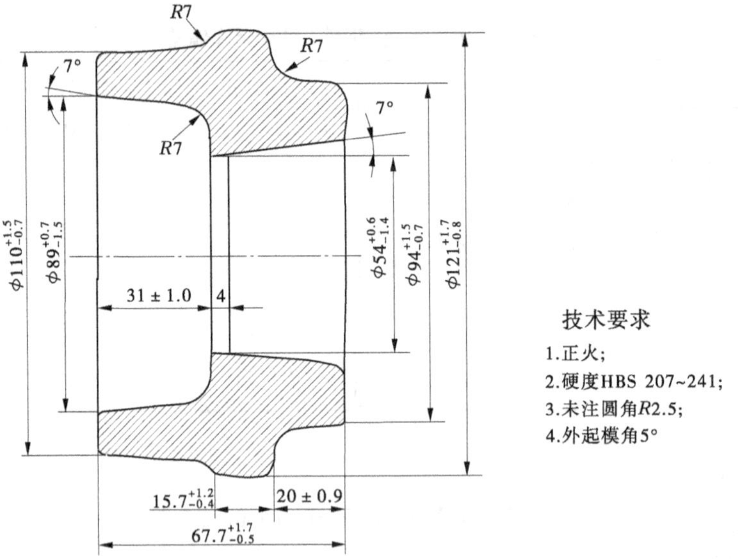

图 2-19 齿轮零件图

于基准不重合而产生的误差,应选孔为定位基准,即遵循“基准重合”的原则,故选 ϕ68K7 孔及一端面作为精基准。

2.5.4.2 工艺路线的制订

1. 工艺方案的比较

本零件的加工面有外圆、内孔、端面、齿面、槽及小孔等,材料为 45 钢。工艺相对简单,故给出一套工艺方案。参考工艺设计简明手册有关资料,其加工方法选择如下:

(1)ϕ90 mm 外圆面:为未注公差尺寸,根据 GB 1800—79 规定其公差等级为 IT14,表面粗糙度 R_a 为 3.2 μm,需进行粗车及半精车。

(2)齿圈外圆面:公差等级为 IT11,表面粗糙度 R_a 为 3.2 μm,需粗车、半精车。

(3)ϕ106.5$_{-0.4}^{\ 0}$ mm 外圆面:公差等级为 IT12,表面粗糙度 R_a 为 6.3 μm,粗车即可。

(4)ϕ68K7 mm 内孔:公差等级为 IT7,表面粗糙度 R_a 为 0.8 μm,毛坯孔已锻出,为未淬火钢,粗镗、半精镗之后用精镗、拉孔或磨孔等都能满足加工要求。由于拉孔适用于大批大量生产,磨孔适用于单件小批生产,故本零件宜采用粗镗、半精镗、精镗。

(5)ϕ94 mm 内孔:为未注公差尺寸,公差等级按 IT14,表面粗糙度 R_a 为 6.3 μm,毛坯孔已锻出,只需粗镗即可。

(6)端面:本零件的端面为回转体端面,尺寸精度都要求不高,表面粗糙度 R_a 为 3.2 μm、6.3 μm 两种要求。要求 R_a 为 3.2 μm 的端面经粗车和半精车,要求 R_a 为 6.3 μm 的端面,经粗车即可。

(7)齿面:齿轮模数为 2.25 mm,齿数为 50,精度 8FL,表面粗糙度 R_a 为 1.6 μm,采用 A 级单头滚刀滚齿即能达要求。

(8)槽:槽宽和槽深的公差等级分别为 IT13 和 IT14,表面粗糙度 R_a 分别为 3.2 μm 和 6.3 μm,需采用三面刃铣刀,粗铣、半精铣。

(9) $\phi5$ mm 小孔：采用复合钻头一次钻出即成。

2. 工艺路线的拟订

齿轮的加工工艺路线一般是先进行齿坯的加工，再进行齿面加工。齿坯加工包括各圆柱表面及端面的加工。按照先加工基准面及先粗后精的原则，齿坯加工可按下述工艺路线进行：

工序Ⅰ：以 $\phi106.5$ mm 处外圆及端面定位，粗车另一端面，粗车外圆 $\phi90$ mm 及台阶面，粗车外圆 $\phi117$ mm，粗镗孔 $\phi68$ mm。

工序Ⅱ：以粗车后的 $\phi90$ mm 外圆及端面定位，粗车另一端面，粗车外圆 $\phi106.5_{-0.4}^{0}$ mm 及台阶面，车 6 mm × 1.5 mm 沟槽，粗镗 $\phi94$ mm 孔，倒角。

工序Ⅲ：以粗车后的 $\phi106.5_{-0.4}^{0}$ mm 外圆及端面定位，半精车另一端面，半精车外圆 $\phi90$ mm 及台阶面，半精车外圆 $\phi117$ mm，半精镗 $\phi68$ mm 孔，倒角。

加工齿面是以孔 $\phi68$K7 mm 为定位基准的，为了更好地保证它们之间的位置精度，齿面加工之前，先精镗孔。

工序Ⅳ：以 $\phi90$ mm 外圆及端面定位，精镗 $\phi68$K7 mm 孔，镗孔内的沟槽，倒角。

工序Ⅴ：以 $\phi68$K7 mm 孔及端面定位，滚齿。

4 个槽与 4 个小孔的加工安排在最后，考虑定位方便，应先铣槽后钻孔。

工序Ⅵ：以 $\phi68$K7 mm 孔及端面定位，粗铣 4 个槽。

工序Ⅶ：以 $\phi68$K7 mm 孔、端面及粗铣后的一个槽定位，半精铣 4 个槽。

工序Ⅷ：以 $\phi68$K7 mm 孔、端面及一个槽定位，钻 4 个小孔。

工序Ⅸ：钳工去毛刺。

工序Ⅹ：终检。

2.5.4.3 齿轮工序设计

1. 选择工艺加工设备与工艺装备

1) 选择机床

(1) 工序Ⅰ、Ⅱ、Ⅲ是粗车和半精车。各工序的工步数不多，成批生产不要求很高的生产率，故选用卧式车床就能满足要求。本零件外廓尺寸不大，精度要求不是很高，选用最常用的 C620 - 1 型卧式车床即可。

(2) 工序Ⅳ为精镗孔。由于加工的零件外廓尺寸不大，又是回转体，故宜在车床上镗孔。由于要求的精度较高、表面粗糙参数值较小，需选用较精密的车床才能满足要求，故选 C616A 型卧式车床。

(3) 工序Ⅴ为滚齿。从加工要求及尺寸大小考虑，选 Y3150 型滚齿机较合适。

(4) 工序Ⅵ、Ⅶ是用三面刃铣刀粗铣及半精铣槽，应选卧式铣床。考虑本零件属成批生产，以所选机床使用范围较广为宜，故选常用的 X62 型卧式铣床能满足加工要求。

(5) 工序Ⅷ钻 4 个 $\phi5$ mm 的小孔，可采用专用的分度夹具在立式钻床上加工，可选 Z518 型立式钻床。

2) 选择夹具

本零件除粗铣及半精铣槽、钻小孔等工序需要专用夹具外，其他各工序使用通用夹具即可。前四道工序用三爪自定心卡盘，滚齿工序用心轴。

3)选择刀具

(1)在车床上加工的工序,一般都选用硬质合金车刀和镗刀。加工钢质零件采用 YT 类硬质合金,粗加工用 YT5,半精加工用 YT15,精加工用 YT30。为提高生产率及经济性,可选用可转位车刀(GB 5343.1—85,GB 5343.2—85)。切槽刀宜选用高速钢切刀。

(2)滚齿采用A级单头滚刀能达到8级精度。滚刀选择模数为2.25 mm 的Ⅱ型A级精度滚刀(GB 6083—85)。

(3)铣刀选错齿三面刃铣刀(GB 1128—85)。零件要求铣切深度为15 mm,铣刀的直径应为110~150 mm。因此,所选铣刀为:半精铣工序铣刀直径 $d=125$ mm,宽 $L=16$ mm,孔径 $D=32$ mm,齿数 $z=20$。粗铣留有双面余量3 mm。

(4)钻 $\phi5$ mm 小孔,由于带有90°的倒角,可采用复合钻一次钻出。

4)选择量具

本零件属成批生产,一般均采用通用量具。选择量具的方法有两种:一是按计量器具的不确定度选择;二是按计量器具的测量方法极限误差选择。选择时,采用其中的一种方法即可。

(1)选择各外圆加工面的量具。工序Ⅲ中半精车外圆 $\phi117h11$ 为达到图纸要求,现按计量器具的不确定度选择该表面加工时所用量具:该尺寸公差 $T=0.22$ mm,计量器具不确定度允许值 $U_1=0.016$ mm。分度值为0.02 mm 的游标卡尺,其不确定度数值 $U=0.02$ mm,$U>U_1$,不能选用。必须 $U\leqslant U_1$,故应选分度值为0.01 mm 的外径百分尺($U=0.006$ mm)。选择测量范围为100~125 mm,分度值为0.01 mm 的外径百分尺(GB 1216—85)即可满足要求。

按照上述方法选择本零件各外圆加工面的量具如表2-13所列。

表2-13　外圆加工面所用量具

工序	加工面尺寸	尺寸公差	量　具
Ⅰ	$\phi118.5$	0.54	分度值0.02 mm,测量范围0~150 mm 游标卡尺(GB 1214—85)
	$\phi91.5$	0.87	
Ⅱ	$\phi106.5$	0.4	
Ⅲ	$\phi90$	0.87	分度值0.05 mm,测量范围0~150 mm 游标卡尺(GB 1214—85)
	$\phi117$	0.22	分度值0.01 mm,测量范围100~125 mm 外径百分尺

加工 $\phi91.5$ mm 外圆面可用分度值0.05 mm 的游标卡尺进行测量,但由于与加工 $\phi118.5$ mm 外圆面是在同一工序中进行的,故用表2-13中所列的同一种量具即可。

(2)选择加工孔用量具。$\phi68K7$ mm 孔经粗镗、半精镗、精镗三次加工。粗镗至 $\phi65^{+0.19}_{0}$ mm,半精镗至 $\phi67^{+0.09}_{0}$ mm。现按计量器的测量方法极限误差选择其量具。

①粗镗孔 $\phi65^{+0.19}_{0}$ mm,公差等级为IT11,精度系数 $K=10\%$,计量器具测量方法的极限误差 $\Delta_{\lim}=KT=0.1\times0.19=0.019$ (mm)。可选内径百分尺,分度值0.01 mm,测量范围50~125 mm 的内径百分尺(GB 8177—87)即可。

②半精镗 $\phi67^{+0.09}_{0}$ mm，公差等级约为IT9，则 $K=20\%$，$\Delta_{lim}=KT=0.2\times0.09=0.018$（mm），选测量范围为50～100 mm，测孔深度为Ⅰ型的一级内径百分表（JB 1081—75）。

③精镗 $\phi68K7$ mm孔，由于精度要求高，加工时每个工件都需进行测量，故宜选用极限量规。根据孔径可选三牙锁紧式圆柱塞规（GB 6322—86）。

（3）选择加工轴向尺寸所用量具。加工轴向尺寸所选量具如表2-14所示。

表2-14　加工轴向尺寸所选量具

工序	尺寸及公差（mm）	量　具
Ⅰ	$66.4^{0}_{-0.34}$	分度值0.02 mm，测量范围0～150 mm游标卡尺
	$20^{+0.21}_{0}$	
Ⅱ	$64.7^{0}_{-0.34}$	
	$32^{+0.25}_{0}$	
	$31^{+0.52}_{0}$	
Ⅲ	$20^{+0.08}_{0}$	分度值0.01 mm，测量范围0～25 mm深度百分尺
	$64^{0}_{-0.1}$	分度值0.01 mm，测量范围50～75 mm外径百分尺

（4）选择加工槽所用量具。槽经粗铣、半精铣两次加工。槽宽及槽深的尺寸公差等级为：粗铣时均为IT14；半精铣时，槽宽为IT13，槽深为IT14，均可选用分度值为0.02 mm，测量范围0～150 mm的游标卡尺（GB 1214—85）进行测量。

（5）选择滚齿工序所用量具。滚齿工序在加工时测量公法线长度即可。选分度值0.01 mm，测量范围25～50 mm的公法线百分尺（GB 1217—86）。

2. 确定工序尺寸

确定工序尺寸一般的方法是，由加工表面的最后工序往前推算，最后工序的工序尺寸按零件图样的要求标注。当无基准转换时，同一表面多次加工的工序尺寸只与工序（或工步）的加工余量有关。当基准不重合时，工序尺寸应用工艺尺寸链解算。

1）确定圆柱面的工序尺寸

圆柱表面多次加工的工序尺寸只与加工余量有关。前面根据有关资料已查出本零件各圆柱面的总加工余量（毛坯余量），应将总加工余量分为各工序加工余量，然后由后往前计算工序尺寸。中间工序尺寸的公差按加工方法的经济精度确定。

本零件各圆柱表面的工序加工余量、工序尺寸及公差、表面粗糙度如表2-15所列。

2）确定轴向工序尺寸

本零件各工序的轴向尺寸如图2-20所示。

（1）确定各加工表面的工序加工余量。本零件各端面的工序加工余量如表2-16所示。

（2）确定工序尺寸 L_{13}、L_{23}、L_5 及 L_6。该尺寸在工序Ⅱ、Ⅲ中应达到零件图样的要求，则

$$L_{13}=64^{+0.5}_{0}\ \text{mm（尺寸公差暂定）},\ L_{23}=20\ \text{mm},L_5=6\ \text{mm},L_6=2.5\ \text{mm}$$

(3)确定工序尺寸 L_{12}、L_{11} 及 L_{21}。该尺寸只与加工余量有关,即

$$L_{12} = L_{13} + Z_{13} = 64 + 0.7 = 64.7\ (\mathrm{mm})$$

$$L_{11} = L_{12} + Z_{32} = 64.7 + 1.7 = 66.4\ (\mathrm{mm})$$

$$L_{21} = L_{23} + Z_{13} - Z_{23} = 20 + 0.7 - 0.7 = 20\ (\mathrm{mm})$$

表 2-15　圆柱表面的工序加工余量、工序尺寸公差及表面粗糙度

加工表面	工序双边余量(mm)			工序尺寸及公差(mm)			表面粗糙度 R_a(μm)		
	粗	半精	精	粗	半精	精	粗	半精	精
ϕ117h11 外圆	2.5	1.5	—	$\phi118.5_{-0.54}^{0}$	$\phi117_{-0.22}^{0}$	—	6.3	3.2	—
$\phi106.5_{-0.4}^{0}$外圆	3.5	—	—	$\phi106.5_{-0.4}^{0}$	—	—	6.3	—	—
ϕ90 外圆	2.5	1.5	—	ϕ91.5	ϕ90	—	6.3	3.2	—
ϕ94 孔	5	—	—	ϕ94	—	—	6.3	—	—
ϕ68K7 孔	3	2	1	$\phi65_{0}^{+0.19}$	$\phi67_{0}^{+0.074}$	$\phi68_{-0.021}^{+0.009}$	6.3	3.2	0.8

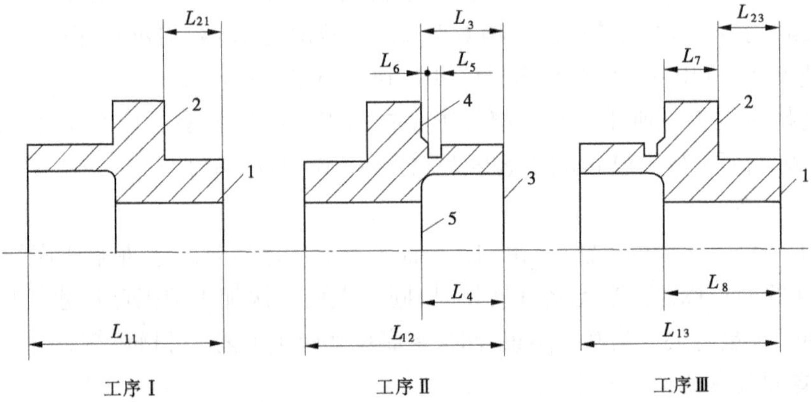

图 2-20　工序轴向尺寸

表 2-16　各端面的工序加工余量

工序	加工表面	总加工余量(mm)	工序加工余量(mm)
I	1	2	$Z_{11}=1.3$
	2	2	$Z_{12}=1.3$
II	3	1.7	$Z_{32}=1.7$
	4	1.7	$Z_{42}=1.7$
	5	1.7	$Z_{52}=1.7$
III	1	2	$Z_{13}=0.7$
	2	2	$Z_{23}=0.7$

(4)确定工序尺寸 L_3。尺寸 L_3 需解工艺尺寸链才能确定。工艺尺寸链如图 2-21 所示。

图 2-21 中 L_7 为零件图样上要求保证的尺寸 12 mm。L_7 为未注公差尺寸,其公差等级按 IT14,查公差表得公差值为 0.43 mm,则 $L_7 = 12_{-0.43}^{\ 0}$ mm。

根据尺寸链计算公式:

$$L_7 = L_{13} - L_{23} - L_3$$

$$L_3 = L_{13} - L_{23} - L_7 = 64 - 20 - 12 = 32(\text{mm})$$

$$T_7 = T_{13} + T_{23} + T_3$$

按前面所定的公差 $T_{13} = 0.5$ mm,而 $T_7 = 0.43$ mm,不能满足尺寸公差的关系式,必须缩小 T_{13} 的数值。现按加工方法的经济精度确定:

$$T_{13} = 0.1 \text{ mm},\ T_{23} = 0.08 \text{ mm},\ T_3 = 0.25 \text{ mm}$$

则
$$T_{13} + T_{23} + T_3 = 0.1 + 0.08 + 0.25 = 0.43(\text{mm}) = T_7$$

决定组成环的极限偏差时,留 L_3 作为调整尺寸,L_{13} 按外表面、L_{23} 按内表面决定其极限偏差,则:$L_{13} = 64_{-0.1}^{\ 0}$ mm,$L_{23} = 20_{\ 0}^{+0.08}$ mm。

L_7、L_{13} 及 L_{23} 的中间偏差为 $\Delta_7 = -0.215$ mm,$\Delta_{13} = -0.05$ mm,$\Delta_{23} = +0.04$ mm。L_3 的中间偏差 $\Delta_3 = \Delta_{13} - \Delta_{23} - \Delta_7 = -0.05 - 0.04 - (-0.215) = +0.125$ (mm)

$$ESL_3 = \Delta_3 + \frac{T_3}{2} = 0.125 + \frac{0.25}{2} = +0.25(\text{mm})$$

$$EIL_3 = \Delta_3 - \frac{T_3}{2} = 0.125 - \frac{0.25}{2} = 0$$

(5)确定工序尺寸 L_4。工序尺寸 L_4 亦需解工艺尺寸链才能确定。工艺尺寸链如图 2-22 所示。图中 L_8 为零件图样上要求保证的尺寸 33 mm,其公差等级按 IT14,查表为 0.62 mm,$L_8 = 33_{-0.62}^{\ 0}$ mm。解工艺尺寸链得 $L_4 = 31_{\ 0}^{+0.52}$ mm。

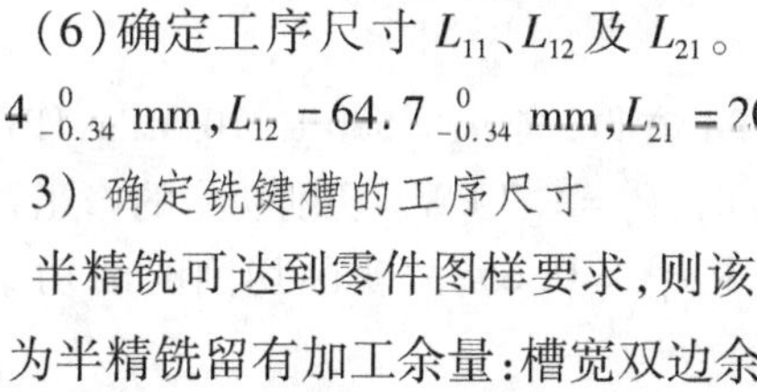

图 2-21　含尺寸 L_3 的工艺尺寸链

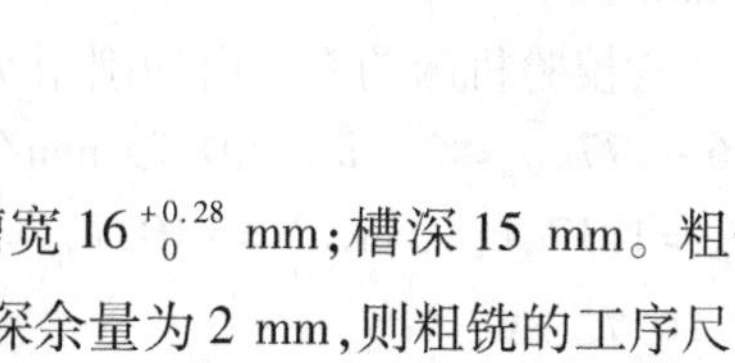

图 2-22　含尺寸 L_4 的工艺尺寸链

(6)确定工序尺寸 L_{11}、L_{12} 及 L_{21}。按加工方法的经济精度及偏差入体原则,$L_{11} = 66.4_{-0.34}^{\ 0}$ mm,$L_{12} = 64.7_{-0.34}^{\ 0}$ mm,$L_{21} = 20_{\ 0}^{+0.21}$ mm。

3) 确定铣键槽的工序尺寸

半精铣可达到零件图样要求,则该工序尺寸为:槽宽 $16_{\ 0}^{+0.28}$ mm;槽深 15 mm。粗铣时,为半精铣留有加工余量:槽宽双边余量为 3 mm;槽深余量为 2 mm,则粗铣的工序尺寸为:槽宽 13 mm;槽深 13 mm。

2.5.4.4　确定切削用量及基本时间(机动时间)

切削用量一般包括切削深度、进给量及切削速度三项。确定方法是先确定切削速度、进给量，再确定切削速度。

1. 工序Ⅰ切削用量及基本时间的确定

1）切削用量

本工序为粗车（车端面、外圆及镗孔）。已知加工材料为45钢，$\sigma_b=670$ MPa，锻件，有外皮；机床为C620－1型卧式车床，工件装卡在三爪自定心卡盘中。

（1）确定粗车外圆 $\phi118.5_{-0.54}^{\ 0}$ mm 的切削用量。所选刀具为YT5硬质合金可转位车刀。由于C620－1机床的中心高为200 mm，选刀杆尺寸 $B\times H=16\ \text{mm}\times25\ \text{mm}$，刀片厚度为4.5 mm。选择车刀几何形状为卷屑槽带倒棱型前刀面，前角 $\gamma_0=12°$，后角 $\alpha_0=6°$，主偏角 $\kappa_r=90°$，副偏角 $\kappa_r'=10°$，刃倾角 $\lambda_s=0°$，刀尖圆弧半径为0.8 mm。

①确定切削深度。由于单边余量仅为1.25 mm，若要考虑模锻斜度及公差，单边余量为2.8 mm，可在一次走刀内切完，故：

$$a_p=\frac{121-118.5}{2}=1.25\ (\text{mm})$$

②确定进给量 f。在粗车钢料、刀杆尺寸为16 mm×25 mm、$a_p\leqslant3$ mm、工件直径为100～400 mm时，$f=0.6\sim1.2$ mm/r，按C620－1选择进给量 $f=0.65$ mm/r，确定的进给量尚需满足机床进给机构强度的要求，故需进行校验。

C620－1机床进给机构允许的进给力 $F_{max}=3\ 530$ N。当钢料 $\sigma_b=570\sim670$ MPa，$a_p\leqslant2$ mm，$f\leqslant0.75$ mm/r，$\kappa_r=45°$，$v=65$ m/min（预计）时，进给力 $F_f=760$ N。F_f 的修正系数为 $k_{r_0F_f}=0.1$，$k_{\lambda_sF_f}=1.17$，故实际进给力 $F_f=760\times1.17=889.2$ (N)，由于切削时的进给力小于机床进给机构允许的进给力，故所选的 $f=0.65$ mm/r 可用。

③选择车刀磨钝标准及耐用度。车刀后刀面最大磨损量取为1 mm，可转位车刀耐用度 $T=30$ min。

④确定切削速度 v_c。切削速度 v_c 可根据公式计算，也可直接由表中查出。现采用查表法确定切削速度。由切削用量简明手册表1.10查得，当用YT15硬质合金车刀加工 $\sigma_b=600\sim700$ MPa钢料时，$a_p\leqslant3$ mm，$f\leqslant0.75$ mm/r，切削速度 $v_c=109$ m/min。切削速度的修正系数 $k_W=0.8$，$k_{tv}=0.65$，$k_{krv}=0.81$，$k_{Tv}=1.15$，$k_{Mv}=k_{kv}=1.0$，故

$$v_c=109\times0.8\times0.65\times0.81\times1.15=52.8\ (\text{m/min})$$

$$n=\frac{1\ 000v_c}{\pi D}=\frac{1\ 000\times52.8}{\pi\times121}=138.9\ (\text{r/min})$$

按C620－1机床的转速，选择 $n=120$ r/min $=2.0$ r/s，则实际切削速度 $v=45.6$ m/min。

⑤校验机床功率。由切削用量简明手册表1.24查得，当 $\sigma_b=580\sim970$ MPa，HBS＝166～277，$a_p\leqslant2$ mm，$f\leqslant0.75$ mm/r，$v_c\leqslant46$ m/min时，$P_c=1.7$ kW。切削功率的修正系数 $k_{k_rP_c}=1.17$，$k_{\gamma_0P_c}=K_{M_{P_c}}=1.0$，$k_{T_{P_c}}=1.13$，$k_{S_{P_c}}=0.8$，$k_{tP_c}=0.65$，故实际切削时的功率为 $P_c=0.72$ kW。

当 $n=120$ r/min时，机床主轴允许功率 $P_E=5.9$ kW。$P_c<P_E$，故所选的切削用量可在C620－1机床上进行。最后确定的切削用量为：$a_p=1.25$ mm，$f=0.65$ mm/r，$n=2.0$ r/s $=120$ r/min，$v_c=0.76$ m/s $=45.6$ m/min。

(2)确定粗车外圆 $\phi91.5$ mm、端面及台阶面的切削用量。采用车外圆 $\phi118.5$ mm 的刀具加工这些表面,加工余量皆可一次走刀切除,车外圆 $\phi91.5$ mm 的 $a_p = 1.25$ mm,端面及台阶面的 $a_p = 1.3$ mm,外圆 $\phi91.5$ mm 的 $f = 0.65$ mm/r,车端面及台阶面 $f = 0.52$ mm/r。主轴转速与车外圆 $\phi118.5$ mm 相同。

(3)确定粗镗孔 $\phi65^{+0.19}_{0}$ mm 的切削用量。所选刀具为 YT5 硬质合金、直径为 20 mm 的圆形镗刀。

①确定切削深度 a_p。

$$a_p = \frac{65 - 62}{2} = 1.5(\text{mm})$$

②确定进给量 f。

当粗镗钢料、镗刀直径为 20 mm、$a_p \leqslant 2$ mm,镗刀伸出长度为 100 mm 时,$f = 0.15 \sim 0.30$ mm/r,按 C620 - 1 机床的进给量,选择 $f = 0.20$ mm/r。

③确定切削速度 v_c。

v_c 由计算公式 $v_c = \dfrac{C_v}{T^m a_p^{x_v} f^{y_v}} k_v$ 确定。式中,$C_v = 291$,$m = 0.2$,$x_v = 0.15$,$y_v = 0.2$,$T = 60$ mm,$k_v = 0.9 \times 0.8 \times 0.5 = 0.468$。则

$$v_c = \frac{291}{60^{0.2} \times 1.5^{0.15} \times 0.2^{0.2}} \times 0.468 = 78\ (\text{m/min})$$

$$n = \frac{1\ 000 v_c}{\pi D} = \frac{1\ 000 \times 78}{\pi \times 65} = 382\ (\text{r/min})$$

按 C620 - 1 机床上的转速,选择 $n = 370$ r/min。

2)基本时间

(1)确定粗车外圆 $\phi91.5$ mm 的基本时间。车外圆基本时间为:

$$T_{j1} = \frac{L}{fn} i = \frac{l + l_1 + l_2 + l_3}{fn} i$$

式中,$l = 20$ mm,$l_1 = \dfrac{a_p}{\tan\kappa_r} + (2 \sim 3)$,$\kappa_r = 90°$,$l_1 = 2$ mm,$l_2 = 0$,$l_3 = 0$,$f = 0.65$ mm/r,$n = 2.0$ r/s,$i = 1$。

$$T_{j1} = \frac{20 + 2}{0.65 \times 2} = 17\ (\text{s})$$

(2)确定粗车外圆 $\phi118.5^{\ 0}_{-0.54}$ mm 的基本时间。

$$T_{j2} = \frac{L}{fn} i = \frac{l + l_1 + l_2 + l_3}{fn} i$$

式中,$l = 14.4$ mm,$l_1 = 0$,$l_2 = 4$,$l_3 = 0$,$f = 0.65$ mm,$n = 2.0$ r/s,$i = 1$。

则 $$T_{j2} = \frac{14.4 + 4}{0.65 \times 2} = 15\ (\text{s})$$

(3)确定粗车端面的基本时间。

$$T_{j3} = \frac{L}{fn} i, L = \frac{d - d_1}{2} + l_1 + l_2 + l_3$$

式中，$d=94$ mm，$d_1=62$ mm，$l_1=2$ mm，$l_2=4$ mm，$l_3=0$，$f=0.52$ mm/r，$n=2.0$ r/s，$i=1$。

则
$$T_{j3}=\frac{16+2+4}{0.52\times 2}=22\ (\mathrm{s})$$

(4)确定粗车台阶面的基本时间

$$T_{j4}=\frac{L}{fn}i,L=\frac{d-d_1}{2}+l_1+l_2+l_3$$

式中，$d=121$ mm，$d_1=91.5$ mm，$l_1=0$，$l_2=4$ mm，$l_3=0$，$f=0.52$ mm/r，$n=2.0$ r/s，$i=1$。

则
$$T_{j4}=\frac{14.75+4}{0.52\times 2}=18\ (\mathrm{s})$$

(5)确定粗镗 $\phi65^{+0.19}_{0}$ mm 孔的基本时间。选镗刀的主偏角 $\kappa_r=45°$，则 $l_1=3.5$ mm，$l=35.4$ mm，$l_2=4$ mm，$l_3=0$，$f=0.2$ mm/r，$n=6.17$ r/s，$i=1$。

则
$$T_{j5}=\frac{35.4+3.5+4}{0.2\times 6.17}=35\ (\mathrm{s})$$

(6) 确定工序的基本时间。

$$T_j=\sum_{i=1}^{5}T_{ji}=17+15+22+18+35=107\ (\mathrm{s})$$

2. 工序Ⅱ切削用量及基本时间的确定

本工序仍为粗车(车端面、外圆、台阶面，镗孔，车沟槽及倒角)。已知条件与工序Ⅰ相同。车端面、外圆及台阶面可采用与工序Ⅰ相同的可转位车刀。镗刀选 YT5 硬质合金、主偏角 $\kappa_r=90°$、直径为 20 mm 的圆形镗刀。车沟槽采用高速钢成形切槽刀。

采用工序Ⅰ确定切削用量的方法，得本工序的切削用量及基本时间见表 2-17。

表 2-17　工序¢ 的切削用量及基本时间

工步	a_p(mm)	f(mm/r)	v(m/s)	n(r/s)	T_j(s)
粗车端面	1.7	0.52	0.69	2	16
粗车外圆 ϕ106.5 mm	1.75	0.65	0.69	2	25
粗车台阶面	1.7	0.52	0.74	2	8
镗孔及台阶面	2.5 及 1.7	0.2	1.13	3.83	69
车沟槽		手动	0.17	0.5	
倒角		手动	0.69	2	

3. 工序Ⅲ切削用量及基本时间的确定

1)切削用量

本工序为半精加工(车端面、外圆，镗孔及倒角)。已知条件与粗加工工序相同。

(1)确定半精车外圆 $\phi117^{0}_{-0.22}$ mm 的切削用量。所选刀具为 YT5 硬质合金可转位车刀。车刀形状、刀杆尺寸及刀片厚度均与粗车相同。车刀几何形状为 $\gamma_0=12°$，$\alpha_0=8°$，$\kappa_r=90°$，$\kappa_r'=5°$，$\lambda_s=0°$，$r_\varepsilon=0.5$ mm。

①确定切削深度 a_p。

$$a_p = \frac{118.5 - 117}{2} = 0.75\ (\text{mm})$$

②确定进给量f。

根据 C620－1 机床进给量，选择$f=0.3$ mm/r，由于是半精加工，切削力较小，故不需校核机床进给机构强度。

③选择车刀磨钝标准及耐用度。选择车刀后刀面最大磨损量为 0.4 mm，耐用度 $T=$ 30 min。

④确定切削速度 v_c 。

当用 YT15 硬质合金车刀加工 $\sigma_b=630\sim700$ MPa 钢料时，$a_p\leqslant1.4$ mm，$f\leqslant0.38$ mm/r，切削速度 $v_c=156$ m/ min。

切削速度的修正系数为 $k_{k_r v}=0.81$，$k_{Tv}=1.15$，其余的修正系数均为 1，故

$$v_c = 156 \times 0.81 \times 1.15 = 145.3\ (\text{m/min})$$

$$n = \frac{1\,000 \times 145.3}{\pi \times 118.5} = 390\ (\text{r/min})$$

根据机床 C620－1 的转速选 $n=380$ r/min $=6.33$ r/s，实际切削速度 $v_c=2.33$ m/s。

半精加工，机床功率也可不效验，最后确定的切削用量为：$a_p=0.75$ mm，$f=0.3$ mm/r，$n=6.33$ r/s $=380$ r/ min，$v_c=2.33$ m/s $=141.6$ m/min。

（2）确定半精车外圆 $\phi90$ mm、端面、台阶面的切削用量。采用半精车外圆 $\phi117$ mm 的刀具加工这些表面。车外圆 $\phi90$ mm 的 $a_p=0.75$ mm，车端面及台阶面 $a_p=0.7$ mm，车外圆 $\phi90$ mm、端面及台阶面的$f=0.3$ mm/r，$n=380$ r/min $=6.33$ r/s。

（3）确定半精镗孔 $\phi67^{+0.074}_{0}$ mm 的切削用量。所选刀具为 YT15 硬质合金、主偏角 $\kappa_r=45°$、直径为 $\phi20$ mm 的圆形车刀。其耐用度 $T=60$ min。

$$a_p = \frac{67 - 65}{2} = 1\ (\text{mm}),\ f = 0.1\ \text{mm/r}$$

$$v_c = \frac{291}{60^{0.2} \times 1^{0.15} \times 0.1^{0.2}} \times 0.9 = 183\ (\text{m/min})$$

$$n = \frac{1\,000 \times 183}{\pi \times 67} = 869.4\ (\text{r/min})$$

选择 C620－1 机床，转速 $n=760$ r/min $=12.7$ r/s，实际切削速度 $v_c=2.67$ m/s。

2）基本时间

（1）确定半精车外圆 $\phi117$ mm 的基本时间。

$$T_{j1} = \frac{12 + 4}{0.3 \times 6.33} = 9\ (\text{s})$$

（2）确定半精车外圆 $\phi90$ mm 的基本时间。

$$T_{j2} = \frac{20 + 2}{0.3 \times 6.33} = 12\ (\text{s})$$

（3）确定半精车端面的基本时间。

$$T_{j3} = \frac{13.25 + 4}{0.3 \times 6.33} = 11\ (\text{s})$$

(4)确定半精车台阶面的基本时间。

$$T_{j4}=\frac{14.25+4}{0.3\times6.33}=10\ (\mathrm{s})$$

(5)确定半精镗 $\phi67$ mm 孔的基本时间。

$$T_{j5}=\frac{33+3.5+4}{0.1\times12.7}=32.5\ (\mathrm{s})$$

4. 工序Ⅳ切削用量及基本时间的确定

1)切削用量

本工序为精镗 $\phi68_{-0.021}^{+0.009}$ mm 孔,镗沟槽及倒角。

(1)确定精镗 ϕ 68 mm 孔的切削用量。所选刀具为 YT30 硬质合金、$\kappa_r=45°$、直径为 20 mm 的圆形镗刀。其耐用度 $T=60$ min。

①切削深度

$$a_p=\frac{68-67}{2}=0.5\ (\mathrm{mm})$$

②进给量

$$f=0.04\ \mathrm{mm/r}$$

③进给速度

$$v_c=\frac{291}{60^{0.2}\times1.5^{0.15}\times0.04^{0.2}}\times0.9\times1.4=289.6\ (\mathrm{m/min})$$

$$n=\frac{1\,000\times289.6}{\pi\times68}=1\,356.3(\mathrm{r/min})$$

根据 C616A 机床的转速,选择 $n=1\,400$ r/min $=23.3$ r/s,实际切削速度 $v_c=4.98$ m/s。

(2)确定镗沟槽的切削用量。选用高速钢切槽刀,采用手动进给,主轴转速 $n=40$ r/min $=0.67$ r/s,切削速度 $v_c=0.14$ m/s。

2) 基本时间

精镗 $\phi68$ mm 孔的基本时间为:

$$T_j=\frac{33+3.5+4}{0.04\times23.3}=44\ (\mathrm{s})$$

5. 工序Ⅴ切削用量及基本时间的确定

1)切削用量

本工序为滚齿,选用标准的高速钢单头滚刀,模数 $m=2.25$ mm,直径 $\phi63$ mm,可以采用一次走刀切至全深。工件齿面要求表面粗糙度 R_a 为 1.6 μm,根据《切削用量手册》选择工件每转滚刀轴向进给量 $f_a=0.8\sim1.0$ mm/r。按 Y3150 型滚齿机进给量表选 $f_a=0.83$ mm/r。

按公式计算确定齿轮滚刀的切削速度,即

$$v_c=\frac{C_v}{T^{m_v}f_a^{y_v}m^{x_v}}k_v$$

式中,$C_v=364$,$T=240$ min,$f_a=0.83$ mm/r,$m=2.25$ mm,$m_v=0.5$,$y_v=0.85$,$x_v=-0.5$,$k_v=0.8\times0.8=0.64$。则

$$v_c = \frac{364}{240^{0.5} \times 0.83^{0.85} \times 2.25^{-0.5}} \times 0.64 = 26.4\ (\text{m/min})$$

$$n = \frac{1\ 000 \times 26.4}{\pi \times 63} = 133\ (\text{r/min})$$

根据 Y3150 型滚齿机主轴转速,选 $n = 135$ r/min = 2.25 r/s,实际切削速度为 $v_c = 0.45$ m/s。

加工时的切削功率计算:

$$P_c = \frac{C_{P_c} f^{y_{P_c}} m^{x_{P_c}} d^{u_{P_c}} z^{q_{P_c}} v_c}{10^3} k_{P_c}$$

式中,$C_{P_c} = 124$,$y_{P_c} = 0.9$,$x_{P_c} = 1.7$,$u_{P_c} = -1.0$,$q_{P_c} = 0$,$f = 0.83$ mm/r,$m = 2.25$ mm,$d = 63$ mm,$z = 50$,$v_c = 26.7$ m/min,$k_{P_c} = 1.2$。则

$$P_c = \frac{124 \times 0.83^{0.9} \times 2.25^{1.7} \times 63^{-1.0} \times 50^0 \times 26.7}{10^3} \times 1.2 = 0.21\ (\text{kW})$$

Y3150 型滚齿机的电动机功率 $P_E = 3$ kW。因 $P_c < P_E$,故所选择的切削用量可在该机床上应用。

2)基本时间

用滚刀滚圆柱齿轮的基本时间为:

$$T_j = \frac{\left(\frac{B}{\cos\beta} + l_1 + l_2\right) z}{q n f_a}$$

式中,$B = 12$ mm,$\beta = 0°$,$z = 50$,$q = 1$,$n = 2.25$ r/s,$f_a = 0.83$ mm/r,$l_2 = 3$ mm,$l_1 = \sqrt{h(d-h)} + (2 \sim 3) = \sqrt{5.06 \times (63 - 5.06)} + (2 \sim 3) = 19 \sim 20\ (\text{mm})$。则

$$T_j = \frac{(12 + 19 + 3) \times 50}{2.25 \times 0.83} = 910\ (\text{s})$$

6. 工序Ⅵ切削用量及基本时间的确定

1)切削用量

本工序为粗铣槽,所选刀具为高速钢错齿三面刃铣刀。铣刀直径 $d = 125$ mm,宽度 $L = 16$ mm,齿数 $z = 20$。根据《切削用量简明手册》选择铣刀的几何形状。由于加工钢料的 σ_b 在 600 ~ 1 000 MPa 范围内,故选前角 $\gamma_0 = 15°$,后角 $\alpha_0 = 12°$(周齿),$\alpha_0 = 6°$(端齿)。已知铣削宽度 $a_e = 13$ mm,铣削深度 $a_p = 13$ mm。机床选用 X62 型卧式铣床,共铣 4 个槽。

(1)确定每齿进给量 f_z。X62 型卧式铣床的功率为 7.5 kW,工艺系统刚性为中等,细齿盘铣刀加工钢料,查得每齿进给量 $f_z = 0.06 \sim 0.1$ mm/齿。现取 $f_z = 0.07$ mm/齿。

(2)选择铣刀磨钝标准及耐用度。用高速钢盘铣刀粗加工钢料,铣刀刀齿后刀面最大磨损量为 0.6 mm;铣刀直径 $d = 125$ mm,耐用度 $T = 120$ min。

(3)确定切削速度 v_c 和工作台每分钟进给量 f_{M_Z}。v_c 按以下公式计算

$$v_c = \frac{C_v d^{q_v}}{T^m a_p^{x_v} f_z^{y_v} a_e^{u_v} z^{p_v}} k_v$$

式中，$C_v=48, q_v=0.25, x_v=0.1, y_v=0.2, u_v=0.3, p_v=0.1, m=0.2, T=120$ min，$a_p=13$ mm，$f_z=0.07$ mm/齿，$a_e=13$ mm，$z=20$，$d=125$ mm，$k_v=1.0$。则

$$v_c=\frac{48\times 125^{0.25}}{120^{0.2}\times 13^{0.1}\times 0.07^{0.2}\times 13^{0.3}\times 20^{0.1}}=27.86\ (\mathrm{m/min})$$

$$n=\frac{1\,000\times 27.86}{\pi\times 125}=70.9\ (\mathrm{r/min})$$

根据X62型卧式铣床主轴转速，选择 $n=60$ r/min $=1$ r/s，实际切削速度 $v_c=0.39$ m/s。工作台每分钟进给量 $f_{M_Z}=0.07\times 20\times 60=84$ (mm/min)，根据X62型铣床工作台进给量选择 $f_{M_Z}=75$ mm/min，则实际的每齿进给量为：$f_z=\frac{75}{20\times 60}=0.063$ mm/齿。

(4)校验机床的功率。铣削时的功率(单位kW)为：

$$P_c=\frac{F_c v}{1\,000}$$

$$F_c=\frac{C_F a_p^{x_F} f_z^{y_F} a_e^{u_F} z}{d^{q_F} n^{w_F}} k_{F_c}$$

式中，$C_F=650, x_F=1.0, y_F=0.72, u_F=0.86, w_F=0, q_F=0.86, a_p=13$ mm，$f_z=0.063$ mm/齿，$a_e=13$ mm，$z=20$，$d=125$ mm，$n=60$ r/min，$k_{F_c}=0.63$。则

$$F_c=\frac{650\times 13^{1.0}\times 0.063^{0.72}\times 13^{0.86}\times 20}{125^{0.86}\times 60^{0}}\times 0.63=2\,076.8(\mathrm{N})$$

$$v_c=0.39\ \mathrm{m/s}$$

$$P_c=\frac{2\,076.8\times 0.39}{1\,000}=0.81(\mathrm{kW})$$

X62铣床主电机的功率为7.5 kW，故所选切削用量可以采用。所确定切削用量为：$f_z=0.063$ mm/齿，$f_{M_Z}=75$ mm/ min，$n=60$ r/min $=1$ r/s，$v_c=0.39$ m/s。

2)基本时间

三面刃铣刀铣槽的基本时间为：

$$T_j=\frac{l+l_1+l_2}{f_{M_Z}}i$$

式中，$l=7.5$ mm，$l_1=\sqrt{a_e(d-a_e)}+(1\sim 3)$，$a_e=13$ mm，$d=125$ mm，$l_1=40$ mm，$i=4$，$l_2=4$ mm，$f_{M_Z}=75$ mm/min。则

$$T_j=\frac{7.5+40+4}{75}\times 4=2.75\ (\mathrm{min})=165\ \mathrm{s}$$

7. 工序Ⅶ切削用量及基本时间的确定

1)切削用量

本工序为半精铣槽，所选刀具为高速钢错齿三面刃铣刀，$d=125$ mm，$L=16$ mm，$D=32$ mm，$z=20$。机床亦选用X62型卧式铣床。

(1)确定每齿进给量 f_z。本工序要求保证的表面粗糙度 R_a 为3.2 μm(槽侧面)，每转进给量 $f_r=0.5\sim 1.2$ mm/r，现取 $f_r=0.6$ mm/r，则

$$f_z = \frac{0.6}{20} = 0.03\ (\text{mm/齿})$$

(2)选择铣刀磨钝标准及耐用度。铣刀刀齿后刀面最大磨损量为0.25 mm;耐用度$T=120$ min。

(3)确定切削速度v_c和工作台每分钟进给量f_{MZ}。

$$v_c = 0.97\ \text{m/s},\ n = 2.47\ \text{r/s} = 148\ \text{r/min}$$

根据X62铣床主轴转速,选择$n=150$ r/ min =2.5 r/s,实际切削速度v_c =0.98 m/s。

工作台每分钟进给量为:$f_{MZ}=90$ mm/min,根据X62铣床工作台进给量选择$f_{MZ}=95$ mm/min,则实际的每齿进给量为$f_z=0.032$ mm/齿。

2)基本时间

$$T_j = \frac{7.5 + 43 + 4}{95} \times 4 = 2.3\ (\text{min}) = 138\ \text{s}$$

8.工序Ⅷ切削用量及基本时间的确定

1)切削用量

本工序为钻孔,刀具选用高速钢复合钻头,直径$d=5$ mm。钻4个通孔,使用切削液。

(1)确定进给量f。由于孔径和深度均很小,宜采用手动进给。

(2)选择钻头磨钝标准及耐用度。根据《切削用量手册》,钻头后刀面最大磨损量取为0.8 mm;耐用度$T=15$ min。

(3)确定切削速度v_c。$\sigma_b=670$ MPa的45钢加工性属5类。暂定进给量$f=0.16$ mm/r。由切削简明手册查得v_c =17 m/min,n =1 082 r/min,根据Z518立式钻床机床说明书选择主轴实际完成转速。

2)基本时间的确定

钻4个ϕ5 mm深12 mm的通孔,基本时间约为20 s。

2.5.4.5 编写齿轮机械加工工艺过程卡和工序卡

将前面进行的工作所得的结果,填入机械加工工序卡片内,即得机械加工工艺规程,零件的机械加工工艺规程如附表4-1～附表4-10所示。

第3章　零件专用机床夹具设计与案例

§3.1　专用夹具设计

3.1.1　设计夹具的基本要求

(1)设计夹具必须满足工艺要求,结构性能可靠,使用省力安全,操作方便,有利于实现优质、高产、低耗,改善劳动条件,提高标准化、通用化、系列化水平。

(2)要深入现场,联系实际,确定设计方案时,应征求指导教师意见,经审批后进行设计。

(3)具有良好的结构工艺性,即所设计的夹具应便于制造、检验、装配、调整、维修,且便于切屑的清理、排除。

(4)夹具设计必须保证图样清晰、完整、正确、统一。

(5)对精密、重大、特殊的夹具应附有使用说明书和设计计算书。

3.1.2　设计夹具的依据

(1)工装设计任务书。

(2)工件的工艺规程。

(3)产品的图样和技术要求等。

(4)有关国家标准、行业标准和企业标准。

(5)国内外典型工装图样和有关资料。

(6)工厂设备清单。

(7)生产技术条件。

3.1.3　设计夹具的程序与内容

在实际生产中,夹具设计的程序如图3-1所示。

3.1.3.1　明确设计任务

接到夹具设计任务书后,应认真进行分析、研究,若有不妥之处,可提出修改意见,经审批后方可修改。

3.1.3.2　熟悉被加工工件的图样

(1)弄清楚被加工工件在产品中的作用、结构特点、主要加工表面和技术要求。

(2)了解被加工工件的材料、毛坯种类、特点、重量和外形尺寸等。

3.1.3.3　分析被加工工件的工艺规程

(1)熟悉被加工工件的工艺路线,了解有关工艺参数和工件在本工序以前的加工情况。

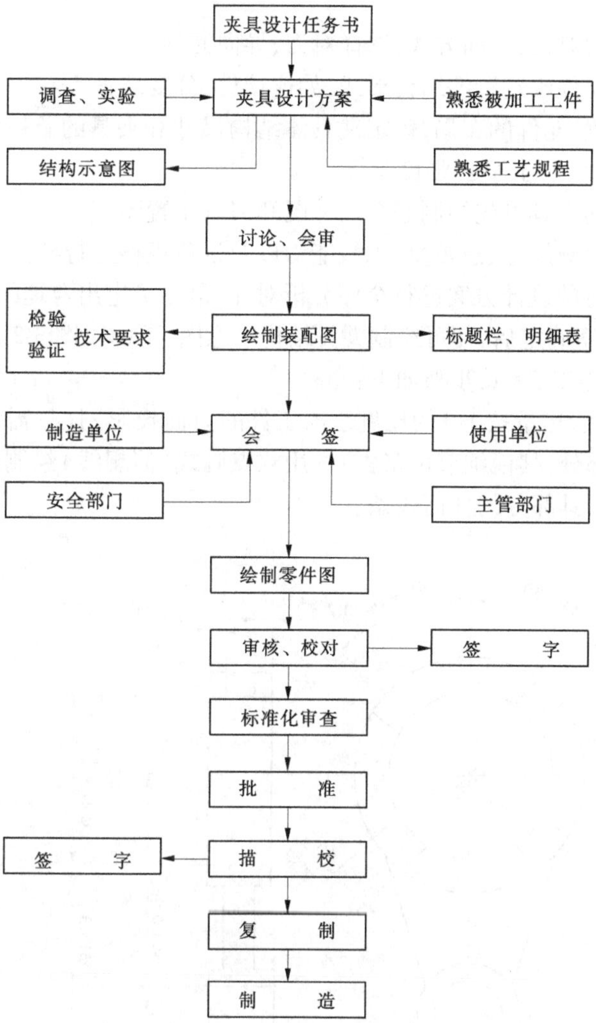

图 3-1　夹具设计程序图

(2)熟悉在该工序加工中所使用的机床、刀具、量具及辅具的型号、规格、主要参数、机床与夹具连接部分的结构和尺寸。

(3)了解被加工工件的热处理情况。

3.1.3.4　核对夹具设计任务书

根据上述工作,认真核对设计任务书,确保其准确无误。

3.1.3.5　收集资料,深入调研

收集有关资料,还可进行必需的工艺试验;征求有关人员意见,进行现场调研。尽量使所设计的夹具结构完善、合理。

3.1.3.6　确定夹具设计方案,绘制结构示意图

(1)根据工件的加工要求和基准的选择,确定工件的定位方式及定位元件的结构。

(2)按照夹紧的基本原则,确定构件的夹紧方式、夹紧力的方向和作用点的位置,选

择合适的夹紧机构。

(3)确定刀具的对刀、导向方式,选择对刀、导向元件。

(4)确定其他元件或装置的结构形式,如连接件、分度装置等。

(5)协调各装置、元件的布局,确定夹具体结构尺寸和夹具的总体结构,必要时,对夹具体几何尺寸进行必要的刚度、强度验算。

(6)对于复杂的夹具可先绘制联系尺寸图和刀具布置图。

(7)对夹具的轮廓尺寸、总重量、承载能力以及设备规格进行校核。

(8)对几种可行的设计方案进行全面分析对比,最终确定出合理的设计方案。

夹具的设计方案确定后,便可绘制夹具结构示意图,下面以图 3-2 所示连杆铣槽工序的夹具设计为例,说明其大致步骤如下:

(1)用双点画线,尽量按 1∶1的比例绘出工件的三面投影图(只需绘出外形轮廓及与定位、夹紧有关的部分,其他细节可略去)。用双点画线(假想线)绘制的用意是将工件视为透明体,不遮挡夹具部分的任何线条。

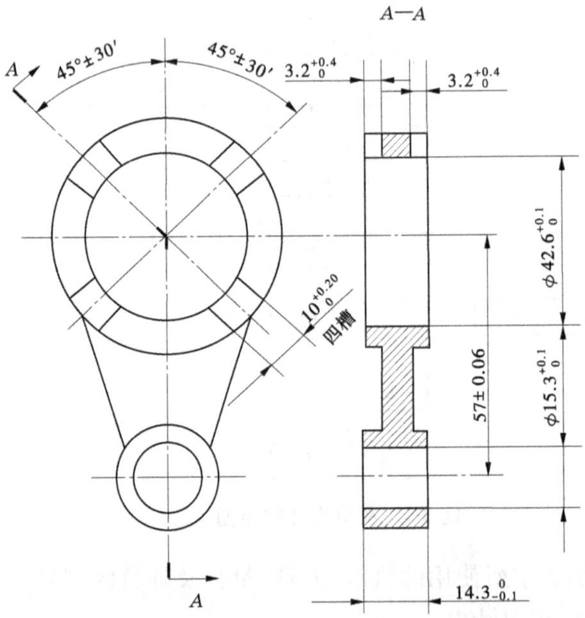

图 3-2　连杆铣槽工序图

(2)根据预定的定位方案,围绕工件依次画出定位元件,见图 3-3(a)。

(3)根据夹具设计总体方案中确定的夹紧机构方案,参照有关资料,按所需夹紧力的大小,决定夹紧机构的尺寸及具体结构,画在示意图上,注意夹紧机构应处于“夹紧”的位置上,见图 3-3(b)。

(4)绘制导向元件及其他元件,见图 3-4 的对刀块等。

(5)绘制夹具体:把各部分连接起来,形成一个有机的整体,见图 3-4。

(6)最后画出定位键等其他元件,标注上主要尺寸公差和技术要求,即完成了连杆铣槽工序夹具的结构示意图,见图 3-4。

夹具结构示意图画好后，应对夹具的精度进行分析计算，校核制订的夹具公差和技术要求能否满足工件工序尺寸公差和技术要求。要进行具体分析计算（后面案例中将讲，在此略）。根据经过讨论、审订、修改而定稿的夹具结构示意图，便可绘制正式的装配图，

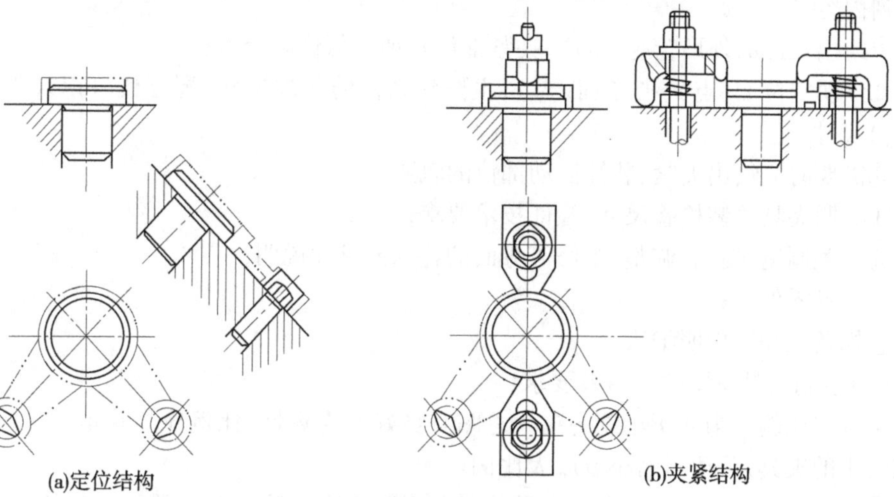

图 3-3　连杆铣槽夹具设计示意图一

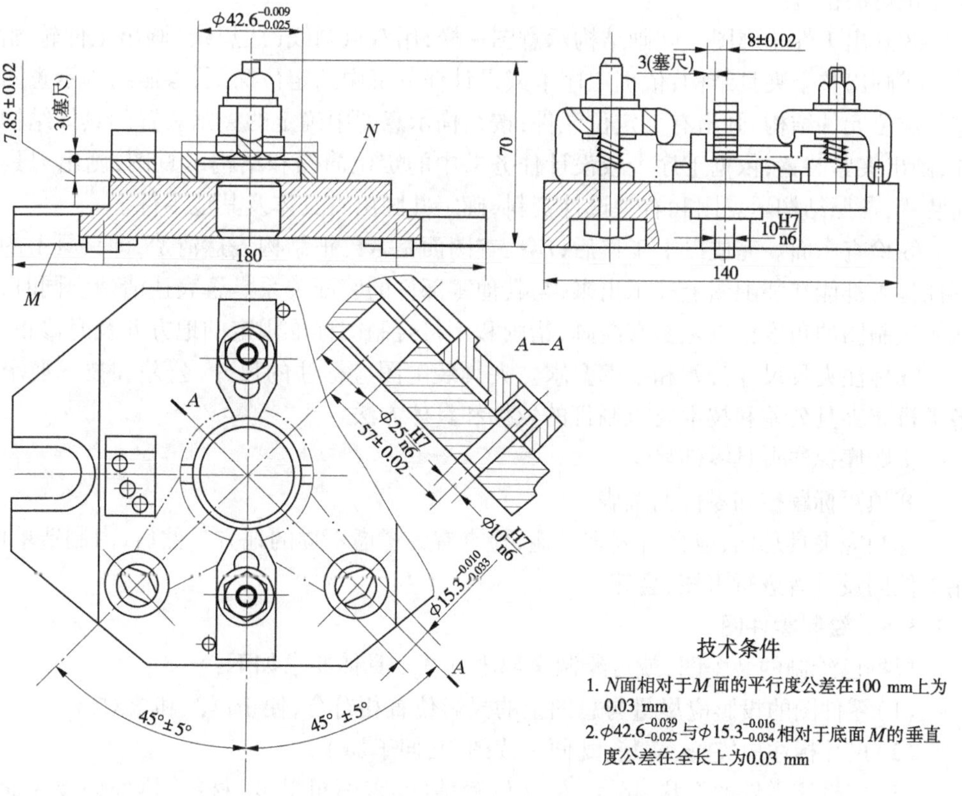

图 3-4　连杆铣槽夹具设计示意图二

并拆绘零件图。

3.1.3.7 **绘制装配图**

(1)夹具图样应符合标准规定。夹具图应符合相关各标准的规定,在装配图上应具有下列内容:

①绘出工件的外形轮廓、定位、夹紧部位及加工部位和余量;

②注明定位面(点)、夹紧面(点),主要活动件的装配尺寸、配合代号以及外形(长、宽、高)尺寸;

③需要时应绘出夹紧、装卸活动部位的轨迹;

④标明夹具总装检验尺寸,验证技术要求;

⑤有关制造、使用、调整、维修等方面的特殊要求和说明;

⑥夹具零件号;

⑦标题栏和零件明细表。

(2)绘制夹具总图的步骤及要求:

①选定比例。为使所绘制的夹具总图有良好的直观性,比例应尽量取1:1。对于较大或较小的夹具,可适当缩小或放大比例。

②合理的选择和布置视图。夹具总图在清楚表达夹具工作原理和结构的前提下,视图应尽可能少。主视图一般应选取最能清楚表达夹具主要部位的视图,并取操作者实际工作正对的位置。

③画出工件轮廓图。同画结构示意图一样,用双点画线(假想线)画出工件轮廓图。

④画出整个夹具结构:依据工序卡或设计任务书中的定位简图,参照结构示意图中确定的定位元件结构,画出有关定位元件;按结构示意图中确定的夹紧装置的具体结构和尺寸,画出夹紧装置;依据工序卡或设计任务书中的定位简图和结构示意图,画出刀具的导向装置;参照结构示意图和有关设计资料,确定并画出夹具体及其他零件。

⑤检查图面。完成以上工作后,应检查图面是否已把结构表达清楚,即夹具上的每个零件是否都能在装配图上表示出来,与其他零部件的装配关系是否表达清楚。同时,还应从机械制图的角度检查是否有漏画、错画和不符合制图标准规定的地方并及时修正过来。

⑥标注夹具尺寸公差和技术要求。夹具装配图应标注的尺寸、公差和技术要求以及各类机床夹具公差和技术要求制订的依据和具体方法。

⑦顺序标注夹具零件号。

⑧填写标题栏和零件明细表。

⑨画完夹具总图,应自行复查一遍,检查有无考虑不周的地方。然后,由制造单位、使用单位同设计者进行审核、会签。

3.1.3.8 **绘制零件图**

根据已绘制的装配图,就可绘制全部零件图。具体要求如下:

(1)零件图的投影应尽量与总图上的投影位置相符合,便于读图和核对。

(2)尺寸标注应完善、清楚,既便于读图,又便于加工。

(3)应将该零件的形状、尺寸、相互位置精度、表面粗糙度、材料、热处理及表面处理要求等都清楚地表示出来。

(4)同一工件加工表面的尺寸应尽量集中标注。

(5)对于可在装配后用组合加工来保证的尺寸,应在其尺寸数值后注明“按总图”字样。如钻套之间、定位销之间的尺寸等。

(6)要注意选择设计基准和工艺基准。

(7)某些要求不高的形位公差可由加工方法自行保证,可不标注。

(8)为满足加工要求,尺寸应尽量按加工顺序标注,以免进行尺寸换算。

3.1.3.9 图样审核

夹具装配图和零件图绘制完毕后,为使夹具能够满足使用功能要求,同时又具有良好的装配工艺性和加工工艺性,应对图样进行必要的审核。

下面指出几个在夹具结构设计中带有共性的问题,在审核图样时应特别注意。

(1)夹具的结构应合理。所设计的夹具应具有合理的结构,否则会影响工作,甚至不能工作。

如图 3-5(a)所示夹具结构,由于圆柱形工件用 V 形块定位并用双向正反螺杆定心夹紧机构夹紧,因而出现了过定位。在实际工作时,有可能一个压板压不到工件,这就降低了可靠性,该夹具在机构上是不合理的。图 3-5(b)是改进后的结构,由于去掉了螺杆的轴向叉形限位件,使螺杆成为浮动元件,轴向不定位,因而消除了过定位,保证了夹紧的可靠性。

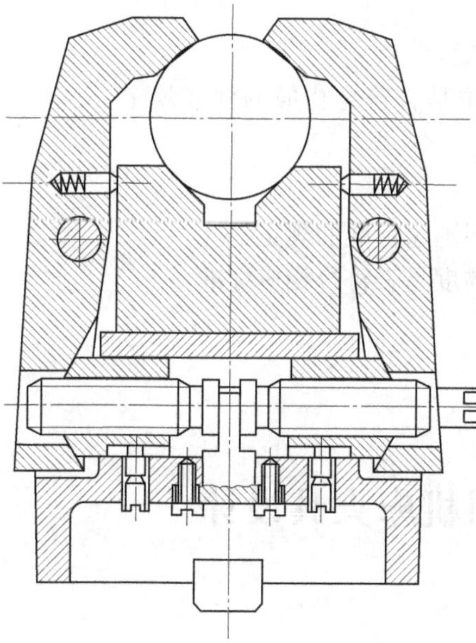

(a)不合理

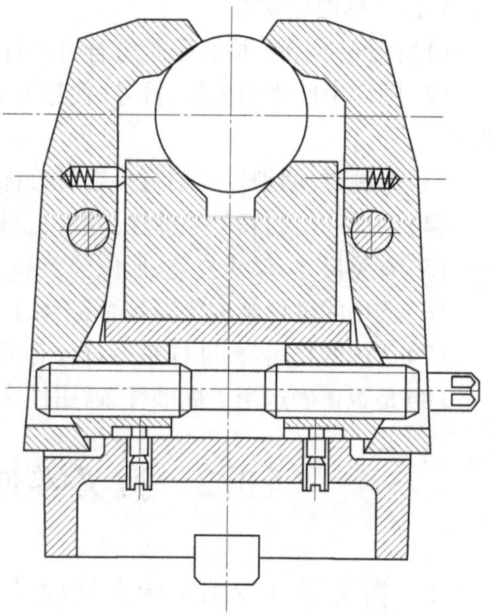

(b)合理

图 3-5 夹具结构合理性分析

(2)夹具结构要稳定可靠,有足够的强度和刚度。应根据夹具结构的具体形状确定增加刚度的措施。如铸件可选用合理的截面形状及增加加强筋;焊接件加焊接加强筋或在结合面上加紧固螺钉;锻件可适当增加截面尺寸。

(3)夹具的受力应合理。夹具的受力部分应直接由夹具体承受,避免通过紧固螺钉受力,夹紧装置的设计,应尽量使夹紧力在夹具体一个构件上得到平衡。

(4)夹具结构应具有良好的工艺性。

(5)正确设计退刀槽及倒角。

(6)注意材料及热处理方法的合理选择。

(7)夹具结构应具有良好的装配工艺性。

(8)夹具结构应充分考虑测量与检验问题。

(9)夹具的易损件应便于更换和维修。

3.1.3.10 编写使用说明书和设计计算书

在精密、重大、特殊的夹具设计完成后,应整理出使用说明书和设计计算书,其主要内容如下:

(1)有关夹具操作过程说明及注意事项。

(2)有关夹具调整、维修、保养的要求和说明。

(3)有关设计计算过程,包括几何关系的尺寸换算及误差计算,对工件工序尺寸公差的误差分析,特殊结构中力的分析和计算,以及必要的强度校核等。

要求计算过程及结果准确无误,文字叙述有条理,语言通顺简练,文图清晰、工整。

3.1.3.11 标准化审查

(1)图纸的幅面、格式是否符合有关标准的规定。

(2)图样中所用的术语、符号、代号和计量单位是否符合相应的标准规定,文字是否规范。

(3)标题栏、明细栏的填写是否符合标准。

(4)图样的绘制和尺寸标注是否符合机械制图国家标准的规定。

(5)有关尺寸、尺寸公差、形位公差和表面粗糙度是否符合相应标准。

(6)选用的零件结构要素是否符合有关标准。

(7)选用的材料、标准件是否符合有关标准。

(8)是否正确选用了标准件、通用件和专用件。

§3.2 拨叉零件专用机床夹具设计

3.2.1 拨叉零件专用车床夹具设计

3.2.1.1 夹具设计任务书

从前述的基准选择的分析及制订的工艺规程卡和工序卡中。选择几个工序的工艺装备提出“专用工艺装备任务书”以便交给工装设计人员进行设计。

现与指导教师商定提出下列一个工序的工装设计任务书:

(1)东风-12运输车变速箱Ⅰ倒挡拨叉的工序20(见附表1-3),钻$\phi13.5^{+0.12}_{0}$孔,刮$\phi24$面,保证尺寸36.5 mm的车床夹具。

(2)设计任务书如表 3-1。工件材料为 KTH350-10，毛坯为铸件，所用车床为 C6136，成批生产规模。试设计该工序的专用车床夹具。

表 3-1　Ⅰ倒挡拨叉零件工序 20 的专用车床夹具任务书

<table>
<tr><td rowspan="2">专用工艺装备
设计任务书</td><td>产品型号</td><td>东风-12</td><td>零(部)件图号</td><td>8.88.88</td><td>生产批量</td><td>10 000</td></tr>
<tr><td>产品名称</td><td>运输车</td><td>零(部)件名称</td><td>Ⅰ倒挡拨叉</td><td>每件台数</td><td>1</td></tr>
<tr><td colspan="3">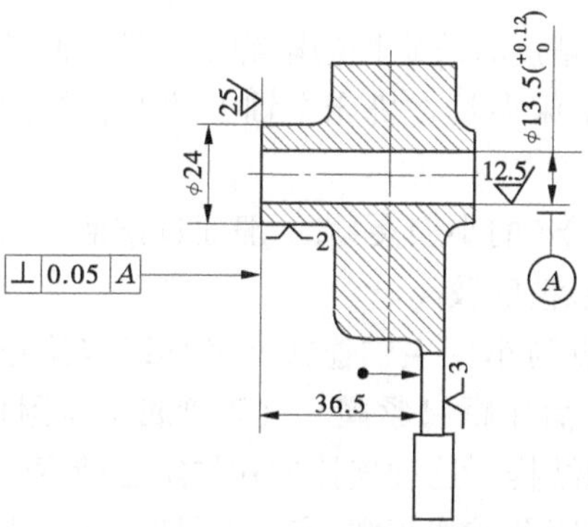

技术要求
工件夹紧方式：
对工装形式的初步设想：
注意夹具的平衡：
有无其他要求：</td>
<td colspan="4">
<table>
<tr><td colspan="2">工装编号</td><td>8.88.88/C2</td><td>使用车间</td><td></td></tr>
<tr><td>工装名称</td><td colspan="2">第一次钻孔车夹具</td><td></td><td></td></tr>
<tr><td>同时加工的工件数</td><td colspan="2">1</td><td></td><td></td></tr>
<tr><td>工装等级</td><td colspan="2"></td><td>制造数量</td><td></td></tr>
<tr><td colspan="2">工序号</td><td colspan="3">工序内容</td></tr>
<tr><td colspan="2">20</td><td colspan="3">钻孔、刮面</td></tr>
<tr><td>旧工装</td><td>编号</td><td></td><td>库存数量</td><td></td></tr>
<tr><td colspan="2">设计理由</td><td colspan="3">旧工装处理意见</td></tr>
<tr><td colspan="2">$\phi13.5^{+0.12}_{0}$ 孔是重要的孔，是以后各工序的主要定位基准，应保证精度和粗糙度</td><td colspan="3"></td></tr>
<tr><td rowspan="3">执行记录</td><td>设计者</td><td></td><td>完成日期</td><td></td></tr>
<tr><td>校对者</td><td></td><td>完成日期</td><td></td></tr>
<tr><td></td><td></td><td></td><td></td></tr>
<tr><td>编制(日期)</td><td>校对(日期)</td><td colspan="2">标准(日期)</td><td>审核</td></tr>
<tr><td></td><td></td><td colspan="2"></td><td></td></tr>
</table>
</td></tr>
</table>

3.2.1.2　确定夹具的结构方案

车床夹具用于在各类车床上加工零件的内外表面及端面。常见车床夹具有心轴、通用卡盘和专用卡盘。车床夹具的工作特点是：夹具与机床主轴相连接并带动工件一起随轴旋转，因此对工件的夹紧、夹具的平衡和安全等问题，设计时必须加以注意，转速较高时尤为重要。

1. 定位装置的设计

车床上加工旋转表面时，要求工件加工面的回转轴线与车床主轴的回转轴线一致，为保证这一点，夹具定位装置的结构与布置，采用 V 形块定位限制 4 个自由度与平面定位限制 1 个自由度，定位基准与设计基准重合，如表 3-1 所示。V 形块的理论圆(检验心轴)中心线与夹具在车床上的定位止口的中心线同轴，以保证加工的位置精度。

2. 夹紧装置的设计

由于车削时工件和夹具一起随主轴作旋转运动，故在加工过程中，工件除受切削扭矩的作用外，还受到离心力的作用，转速越高离心力越大，会降低夹紧机构产生的夹紧力的作用。此外，工件的位置相对于切削力和重力的方向来说是变化的。因此，要求夹紧机构所产生的夹紧力必须足够，且自锁性能要好，以防止工件在加工中松动。对于角铁式的车夹具，夹紧力的施力方式要注意防止引起夹具变形。若施力方式不当，可能会引起夹具体或角铁的变形，在离心力、切削力的作用下变形加剧，可导致工件松动。而在夹具中采用铰链压板机构作用在一角铁上，形成力封闭系统，不会因为夹紧力、离心力的作用而使工件有松开的倾向。

3. 车床夹具与机床主轴的连接

车床夹具与机床主轴的连接精度对夹具的回转精度有决定性的影响。夹具的回转轴线与车床的回转轴线必须有较高的同轴度。一般车床夹具在机床主轴上的安装有两种方式：

(1)对于径向尺寸 D 小于 140 mm，或 $D<(2\sim3)d$ 的小型夹具，一般通过锥柄安装在车床主轴锥孔中，并用螺栓拉紧。这种连接方式定心精度较高。

(2)对于径向尺寸较大的夹具，一般通过过渡盘与车床主轴连接。夹具以定位止口按 H7/h6 或 H7/js6 配合装配在过渡盘的凸缘上，然后用螺钉紧固。过渡盘属机床附件，与机床主轴配合的形状结构取决于机床主轴前端的结构。这种连接方式的定心精度受到配合精度的限制，为提高定心精度，可在夹具厂设找正孔或找正圆，安装夹具时，找正夹具与车床主轴的同轴度。

4. 对夹具总体结构的要求

(1)结构紧凑、悬伸短。车床夹具一般是在悬臂状态下工作的，为保证加工稳定性，夹具的结构应力求紧凑、轻便，悬伸尺寸要短，使重心尽可能靠近主轴端部。夹具的悬伸长度 L 与其外廓直径 D 之比，对直径小于 150 mm 的夹具，$(L/D)\leqslant1.25$；对直径为 150 ~ 300 mm 的夹具，$(L/D)\leqslant0.9$；对直径大于 300 mm 的夹具，$(L/D)\leqslant0.6$。

(2)平衡、配重。由于车床夹具加工时随主轴旋转，且车削转速较高，若夹具的重心不在主轴回转轴线上，就会产生离心力，将会引起振动，影响加工精度和刀具寿命，加剧机床主轴和轴承的磨损，又不安全。所以对车床夹具，要有平衡要求。平衡的方法有两种：设置配重块或加工减重孔。配重块上应开有弧形槽或径向槽，以便调整配重块的位置。

(3)安全。车床夹具设计成圆形结构，为保证安全，夹具上各种元件一般不允许突出夹具体圆形轮廓之外。此外，还应注意防止切屑缠绕和冷却润滑液的飞溅等问题，必要时可设置防护罩。

3.2.1.3 画夹具装配图

夹具装配图如图 3-6 所示。

车床夹具的设计基准与装配基准为夹具体的底面与止口。车床夹具一般应标注的技术要求有：

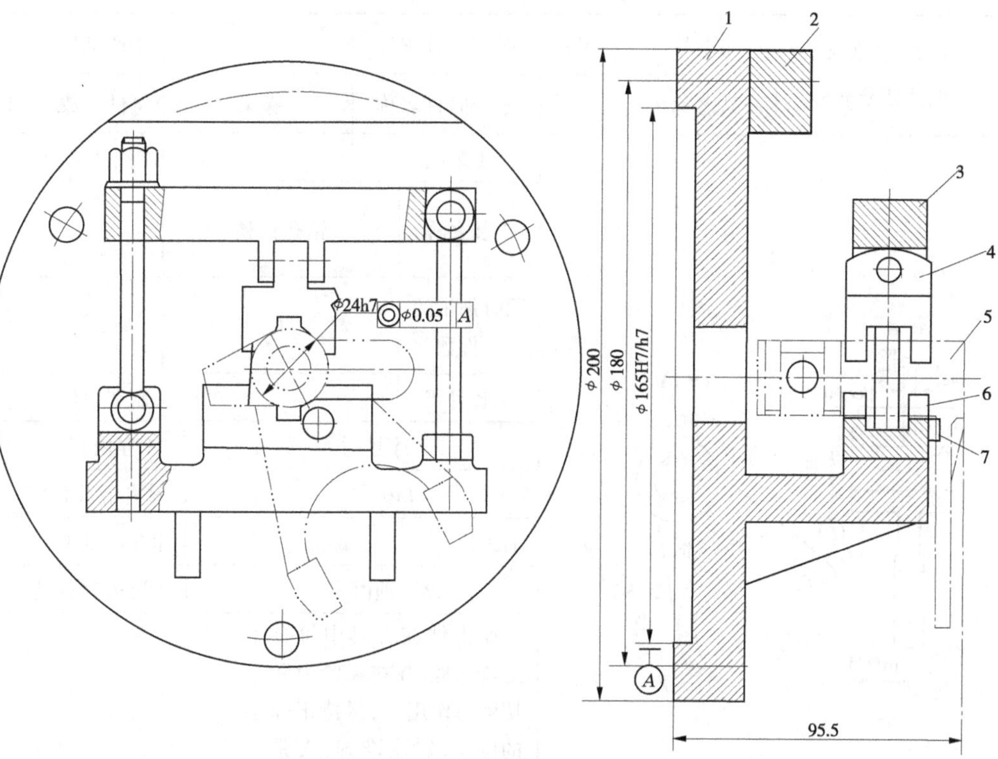

1—夹具座;2—平衡块;3—压块;4、6—V形压块;5—工件;7—支承钉

图 3-6 拨叉车床夹具

(1)与定位有关的技术要求。

①定位元件对夹具底面及止口的相对位置精度(如平行度、同轴度等)。V 形块理论圆中心与止口中心的同轴度为 ϕ0.05 mm。

②各定位元件之间的尺寸精度和相互位置精度。

(2)与在机床上的安装有关的技术要求。

①止口与过渡盘的凸缘的配合尺寸及公差,如图 3-6 中的 ϕ165 mmH7/h7。

②与过渡盘连接的螺纹孔的尺寸,如图 3-6 中的 ϕ180 mm。

(3)夹具的轮廓尺寸。如图 3-6 中夹具直径 ϕ200 mm,高 95.5 mm。

(4)夹具上所有的配合尺寸。如图 3-6 中销的配合 ϕ10 mmH7/h6。

3.2.2 拨叉零件专用钻床夹具设计

3.2.2.1 夹具设计任务书

已知工件材料为 45 钢,毛坯为模锻件,所用机床为 Z525 型立式钻床,成批生产规模。设计任务书如表 3-2 所示,试设计该工序的专用钻床夹具。

表 3-2　拨叉零件工序 110 的专用钻床夹具设计任务书

专用工艺装备设计任务书	产品型号		零(部)件图号		生产批量	
	产品名称		零(部)件名称	拨叉	每件台数	1

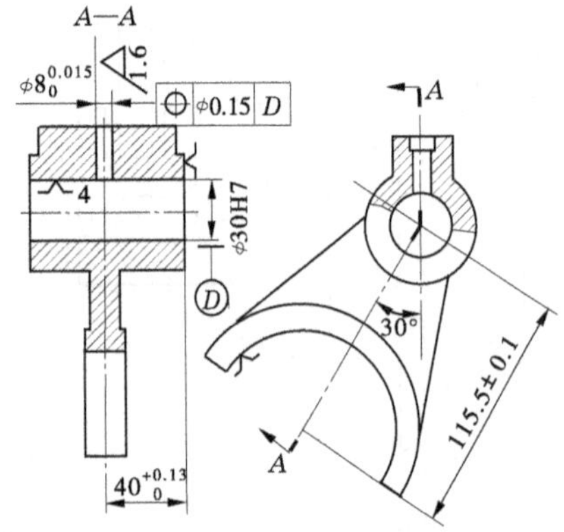

工装编号		使用车间	
工装名称	钻孔夹具		
同时加工的工件数	1		
工装等级		制造数量	
工序号		工序内容	
110		钻孔、刮面	
旧工装	编号	库存数量	
设计理由		旧工装处理意见	
使工件在夹具中符合定位原理,并在夹紧力和切削力作用下,保持正确的位置,定位准确,夹紧方便,有利于提高生产率			
执行记录	设计者	完成日期	
	校对者	完成日期	
编制(日期)	校对(日期)	标准(日期)	审核

技术要求

工件夹紧方式:

对工装形式的初步设想:

用钻模来保证尺寸 16.5 ±0.06;

有无其他要求:

3.2.2.2　确定夹具的结构方案

(1)确定定位元件。根据工序简图规定的定位基准,选用一面双销定位方案(见图 3-7(b)),长定位销与工件定位孔配合取为 $\phi30\ \frac{H7}{f6}$。限制 4 个自由度:定位销轴肩小环面与工件定位端面接触,限制一个自由度,且保证工序尺寸 $40_{0}^{+0.18}$ mm,定位基准与设计基准重合,定位误差为零;削边销与工件叉口接触,限制一个自由度,保证尺寸 115.5 ±0.1 mm;$\phi8$ mm 孔径尺寸由刀具直接保证,位置精度由钻套位置保证。

(2)确定导向装置。本工序要求对 $\phi8$ mm 孔进行钻、扩、铰 3 个工步的加工,生产批量大,故选用快换钻套作为刀具的导向元件。快换钻套、钻套用衬套、钻套螺钉尺寸查表确定,确定钻套高度 $H=3D=3\times8=24$(mm),排屑空间 $h=d=8$ mm,如图 3-7(c)所示。

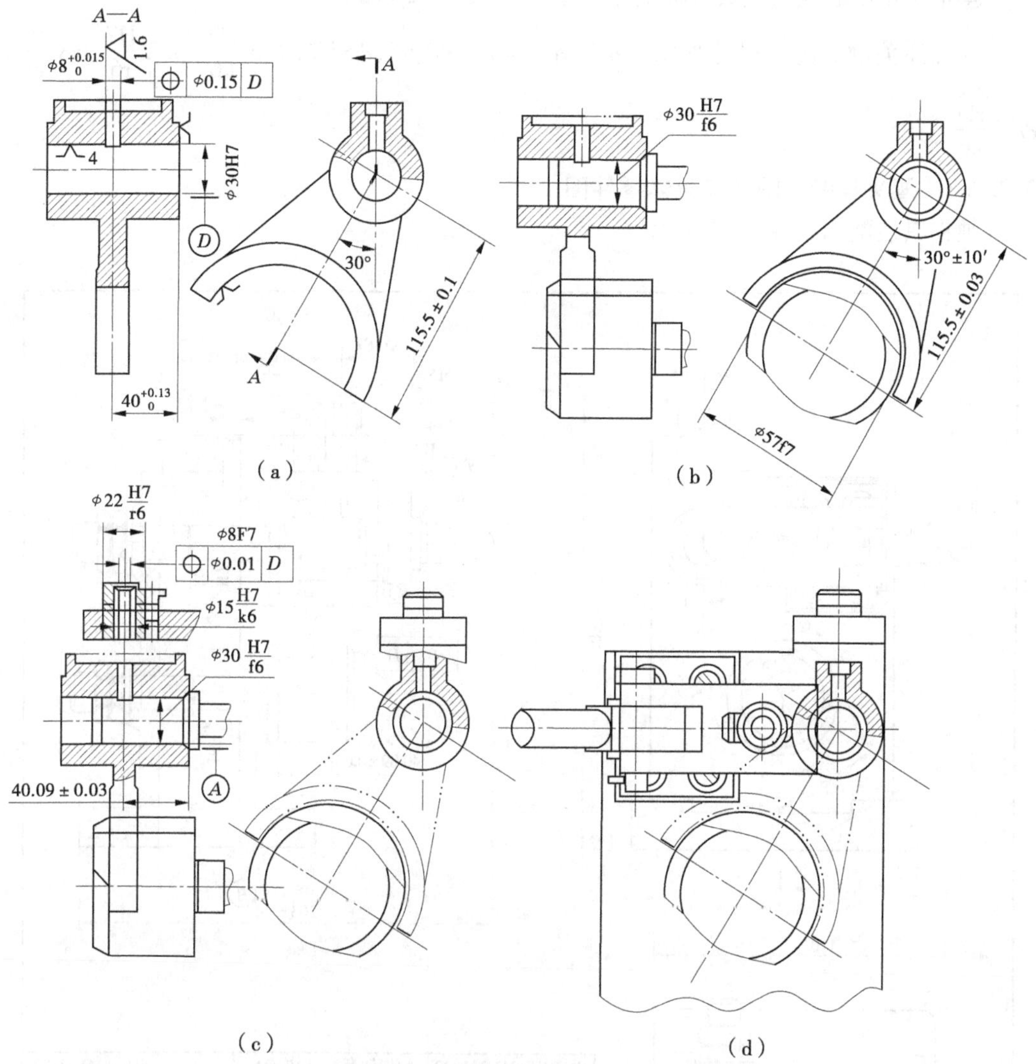

图 3-7　拨叉锁销专用钻床夹具方案设计

(3)确定夹紧机构。选用偏心螺旋压板夹紧机构,用标准夹具元件,可查阅相关标准确定。

(4)确定夹具装配图上的标注尺寸及技术要术。

①确定定位元件之间尺寸。定位销与削边销中心距公差取工件相应尺寸公差的1/3,偏差对称标注,即(115.5 ±0.03)mm。

②确定钻套位置尺寸。钻套中心线与定位环面之间的尺寸及公差取保证零件相应工序尺寸 $40^{+0.18}_{0}$ mm 的平均尺寸,即 40.09 mm,公差为 1/3,偏差对称标注,即 ±0.03,标注为(40.09 ±0.03)mm。

③确定钻套位置公差。钻套中心线与定位销定位环面之间的位置度公差取工件相应位置公差的 1/3,即 0.03 mm。

④定位销中心线与夹具底面的平行度公差取 0. 02 mm。

⑤标注关键的配合尺寸如图 3-8 所示，$\phi 8F7$，$\phi 30f6$，$\phi 57f7$，$\phi 15\,\frac{H7}{k6}$，$\phi 22\,\frac{H7}{r6}$，$\phi 8\,\frac{H7}{n6}$，$\phi 16\,\frac{H7}{k6}$。

3. 2. 2. 3　画夹具装配图及夹具体零件图

画夹具装配图，如图 3-8 所示。

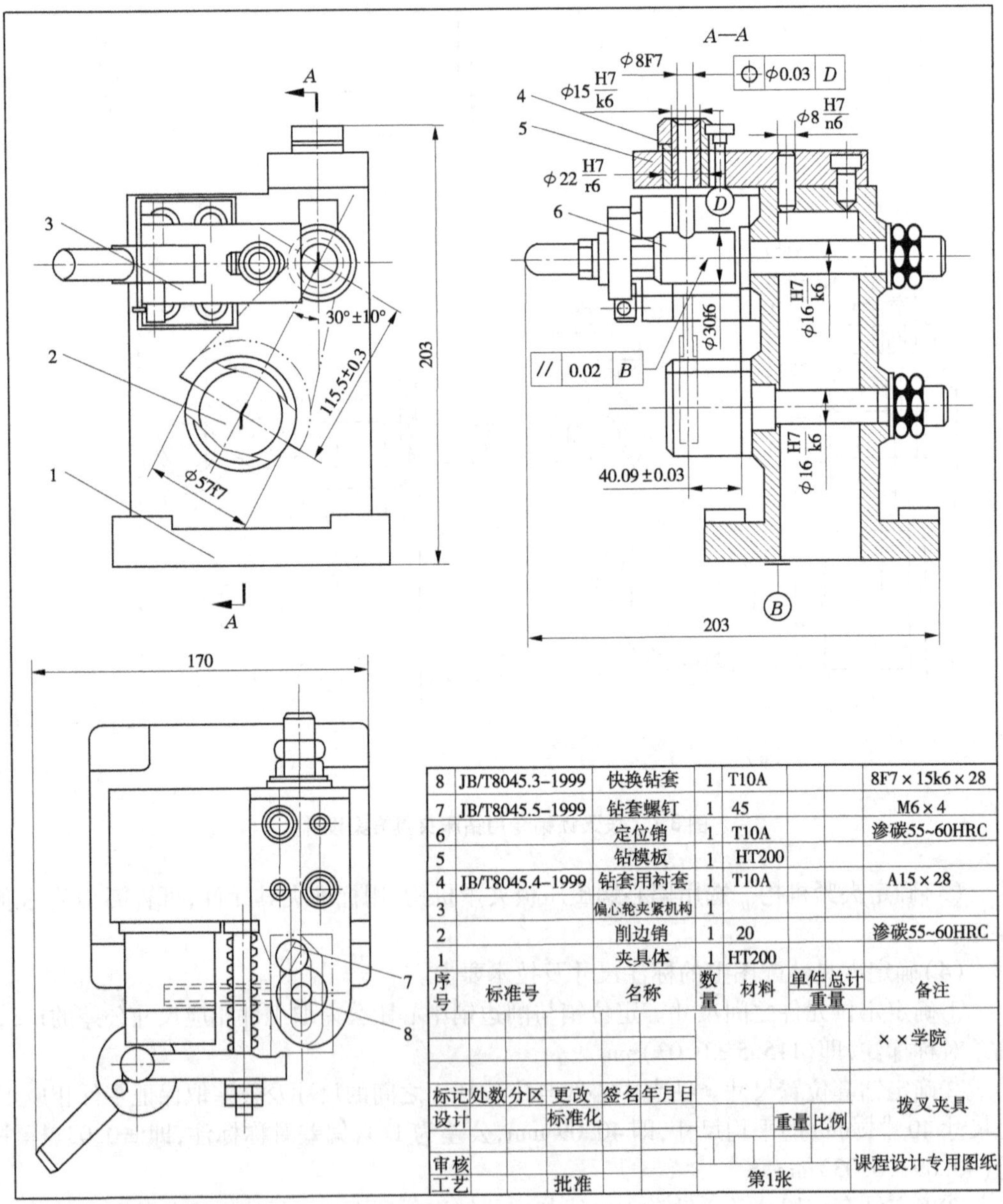

序号	标准号	名称	数量	材料	单件重量	总计重量	备注
8	JB/T8045.3–1999	快换钻套	1	T10A			8F7×15k6×28
7	JB/T8045.5–1999	钻套螺钉	1	45			M6×4
6		定位销	1	T10A			渗碳55~60HRC
5		钻模板	1	HT200			
4	JB/T8045.4–1999	钻套用衬套	1	T10A			A15×28
3		偏心轮夹紧机构	1				
2		削边销	1	20			渗碳55~60HRC
1		夹具体	1	HT200			

标记	处数	分区	更改	签名	年月日		××学院
设计		标准化				重量 比例	拨叉夹具
审核							课程设计专用图纸
工艺		批准				第1张	

图 3-8　拨叉锁销孔专用钻床夹具装配图

3.2.3 万向节滑动叉零件专用铣床夹具设计

3.2.3.1 夹具设计任务书

为了提高劳动生产率,保证加工质量,降低劳动强度,需要设计专用夹具。

经过与指导教师协商,决定设计附表 2-1 第 6 道工序——粗铣 $\phi39$ mm 两孔端面的铣床夹具。设计任务书如表 3-3 所示。

表 3-3 万向节滑动叉零件工序 6 的专用铣床夹具设计任务书

专用工艺装备设计任务书	产品型号		零(部)件图号		生产批量	大批
	产品名称		零(部)件名称	滑动叉	每件台数	2

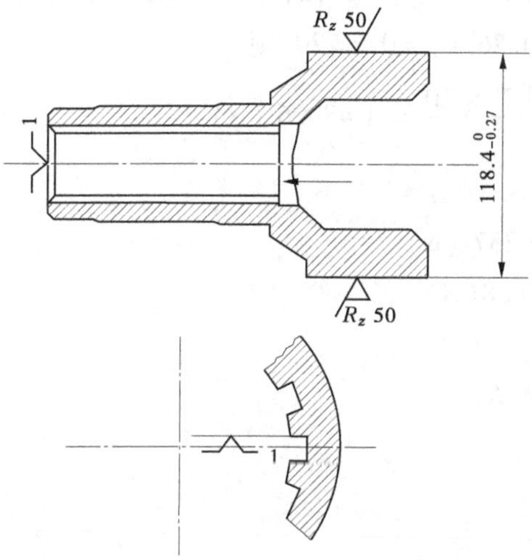

技术要求

工件夹紧方式:

对工装形式的初步设想:

用钻模来保证尺寸 16.5 ±0.06 mm;

有无其他要求:

工装编号		使用车间	
工装名称	铣面夹具	工装等级	
同时加工的工件数	1	制造数量	

工序号	6	工序内容	铣 $\phi39$ mm 两孔端面,保证尺寸 $118.4_{-0.22}^{\ 0}$ mm
旧工装编号		库存数量	

设计理由	旧工装处理意见
为了提高劳动生产率,保证质量,降低劳动强度,需要设计专用夹具	

执行记录				
	设计者		完成日期	
	校对者		完成日期	

编制(日期)	校对(日期)	标准(日期)	审核

本夹具将用于 X63 卧式铣床。刀具为两把高速钢镶齿三面刃铣刀,对工件的两个端面同时进行加工。本夹具主要用来粗铣 $\phi39$ mm 两孔的两个端面,这两个端面对 $\phi39$ mm 孔及花键孔都有一定的技术要求。但加工到本道工序时,$\phi39$ mm 孔尚未加工,而且这两个端面在工序 9 还要进行磨削加工。因此,在本道工序加工时,主要应考虑如何提高劳动生产率,降低劳动强度。

3.2.3.2 确定夹具的结构方案

1. 定位基准的选择

由零件图可知，$\phi 39$ mm 两孔端面应对花键孔中心线有平行度及对称度要求，其设计基准为花键孔中心线。为了使定位误差为零，应该选择以花键孔定位的自动定心夹具。但这种自动定心夹具在结构上过于复杂，因此这里只选用以花键孔为主要定位基面。

为了提高加工效率，现决定用两把镶齿三面刃铣刀对两个 $\phi 39$mm 孔端面同时进行加工。同时，为了缩短辅助时间，准备采用气动夹紧。

2. 切削力及夹紧力的计算

刀具：高速镶齿三面刃铣刀，$\phi 225$ mm，$z=20$，则

$$F = \frac{C_F a_p^{x_F} f_z^{y_F} a_e^{u_F} z}{d_0^{q_F} n^{w_F}}$$

式中，$C_F=650$ MPa，$a_p=3.1$ mm，$x_F=1.0$，$f_z=0.08$ mm，$y_F=0.72$，$a_e=40$ mm（在加工面上测量的近似值），$u_F=0.86$，$d_0=225$ mm，$q_F=0.86$，$w_F=0$，$z=20$，则

$$F = \frac{650\times 3.1\times 0.08^{0.72}\times 40^{0.86}\times 20}{225^{0.86}} = 1\ 480.6\ (\mathrm{N})$$

当用两把刀铣削时，$F_{实}=2\ 961$ N，则

水平分力： $F_H=1.1\ F_{实}=3\ 257\ (\mathrm{N})$

垂直分力： $F_V=0.3\ F_{实}=888(\mathrm{N})$

在计算切削力时，必须考虑安全系数

$$K = K_1K_2K_3K_4$$

式中 K_1——基本安全系数，1.5；

K_2——加工性质系数，1.1；

K_3——刀具钝化系数，1.1；

K_4——断续切削系数，1.1；

则 $F'=KF_H=1.5\times 1.1\times 1.1\times 1.1\times 3\ 257=6\ 503\ (\mathrm{N})$

选用气缸—斜楔夹紧机构，楔角 $\alpha=10°$，其结构形式选用Ⅳ型，扩力比 $i=3.42$。

为克服水平切削力，实际夹紧力 N 应为

$$N(f_1+f_2) = KF_H$$

所以

$$N = \frac{KF_H}{f_1+f_2}$$

式中 f_1、f_2——夹具定位面及夹紧面上的摩擦系数，$f_1=f_2=0.25$。

则

$$N = \frac{6\ 503}{0.5} = 13\ 006\ (\mathrm{N})$$

此时 $N_{气}$ 已大于所需的 13 006 N 的夹紧力，故本夹具可安全地工作。

3. 定位误差分析

(1)定位元件尺寸及公差的确定。本夹具的主要定位元件为一花键轴,该定位花键轴的尺寸与公差现规定为与本零件在工作时与其相配花键轴的尺寸与公差相同,即为 $16\times43H11\times50H8\times5H10$ mm。

(2)计算最大转角。零件图样规定 $\phi50\,^{+0.039}_{\ 0}$ mm 花键孔键槽宽中心线与 $\phi39\,^{+0.027}_{-0.010}$ mm 两孔中心线转角公差为2°。由于 $\phi39$ mm 孔中心线应与其外端面垂直,故要求 $\phi39$ mm 两孔端面之垂线与 $\phi50$ mm 花键孔键槽宽中心线转角公差为2°。此项技术要求主要应由花键槽宽配合中的侧向间隙保证。

已知花键孔键槽宽为 $5\,^{+0.048}_{\ 0}$ mm,夹具中定位花键轴键宽为 $5\,^{-0.025}_{-0.065}$ mm,当零件安装在夹具中时,键槽处的最大侧向间隙为:

$$\Delta b_{max}=0.048-(-0.065)=0.113\ (\text{mm})$$

因此而引起的零件最大转角 α 为

$$\tan\alpha=\frac{\Delta b_{max}}{R}=\frac{0.113}{25}=0.004\ 52$$

所以 $\alpha=0.258°$,即最大侧隙能满足零件的精度要求。

(3)计算 $\phi39$ mm 两孔外端面铣加工后与花键孔中心线的最大平行度误差。零件花键孔与定位心轴外径的最大间隙为:

$$\Delta b_{max}=0.048-(-0.083)=0.131\ (\text{mm})$$

当定位花键轴的长度取100 mm时,则由上述间隙引起的最大倾角为 arctan(0.131/100)。此即为由于定位问题而引起的 $\phi39$ mm 孔端面对花键孔中心线的最大平行度误差。由于 $\phi39$ mm 孔外端面以后还要进行磨削加工,故上述平行度误差值可以允许。

4. 夹具设计及操作的简要说明

如前所述,在设计夹具时,为提高劳动生产率,应首先着眼于机动夹紧,本道工序的铣床夹具就选择了气动夹紧方式。本工序由于是粗加工,切削力较大,为了夹紧工件,势必要增大气缸直径,而这将使整个夹具过于庞大。因此,应设法降低切削力。目前采取的措施有三个:一是提高毛坯的制造精度,使最大切削深度降低,以降低切削力;二是选择一种比较理想的斜楔夹紧机构,尽量增加该夹紧机构的扩力比;三是在可能的情况下,适当提高压缩空气的工作压力(由0.4 MPa增至0.5 MPa),以增加气缸推力。本夹具结构比较紧凑。

夹具上装有对刀块,可使夹具在一批零件的加工之前很好地对刀(与塞尺配合使用);同时,夹具体底面小的一对定位键可使整个夹具在机床工作台上有一正确的安装位置,以利于铣削加工。

3.2.3.3 画夹具装配图及夹具体零件图

铣床夹具的装配图及夹具体零件图分别见图3-9(铣床夹具装配图技术说明见表3-4)及图3-10。

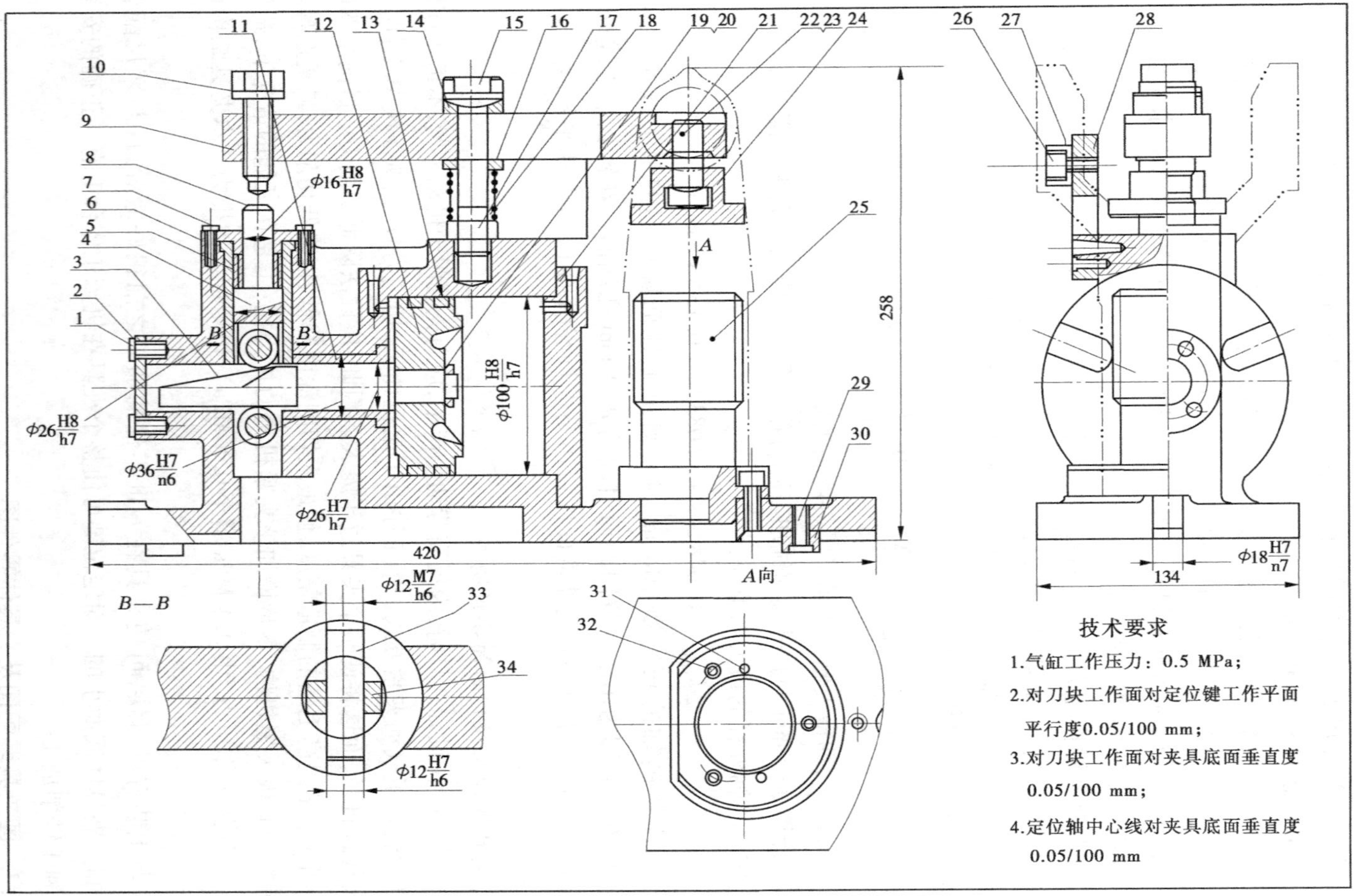
1
2
3
4
5
6
7
8
9
10
11
12
13
14
15
16
17
18
19
20
21
22
23
24
25
26
27
28
29
30
31
32
33
34
$\phi 16\frac{H8}{h7}$
$\phi 26\frac{H8}{h7}$
$\phi 36\frac{H7}{n6}$
$\phi 26\frac{H7}{h7}$
$\phi 100\frac{H8}{h7}$
$\phi 12\frac{M7}{h6}$
$\phi 12\frac{H7}{h6}$
$\phi 18\frac{H7}{n7}$
420
258
134
A
A向
B
B—B
技术要求
1.气缸工作压力：0.5 MPa；
2.对刀块工作面对定位键工作平面平行度0.05/100 mm；
3.对刀块工作面对夹具底面垂直度0.05/100 mm；
4.定位轴中心线对夹具底面垂直度0.05/100 mm

图3-9　铣床夹具装配图

表 3-4　铣床夹具装配图技术说明明细表

序号	名称	件数	材料	备注
34	滚轴	2	45 钢	45 ~ 50 HRC
33	轴	2	45 钢	45 ~ 50 HRC
32	内六角螺钉	7	35 钢	M8 × 20　GB 70—80
31	锥销	4	35 钢	6 × 25　GB 17—80
30	定位键	2	45 钢	43 ~ 48 HRC
29	螺钉	1	35 钢	M8 × 18
28	支架	1	45 钢	
27	对刀块	1	T7A	55 ~ 60 HRC
26	螺钉	1	35 钢	M8 × 10
25	定位轴	1	45 钢	45 ~ 50 HRC
24	足块	1	45 钢	35 ~ 40 HRC
23	弹性挡圈	1	65Mn	16 GB 894—80　48 ~ 53 HRC
22	轴	1	45 钢	
21	端盖	1	HT200	
20	制动垫圈	1	Q235 钢	16 GB 858—80
19	圆螺母	1	45 钢	M16 × 1.5　GB 812—80
18	弹簧	1	65Mn	
17	螺母	1	Q235 钢	M16　GB 54—80
16	垫圈	1	Q235 钢	16 GB 95—80
15	球头螺栓	1	45 钢	AM16 × 70　GB 2165—80　35 ~ 40 HRC
14	球面垫圈	1	45 钢	D = 17, 40 ~ 45 HRC
13	密封圈	2	耐油橡胶	O 型，D = 100
12	活塞	1	ZL3	
11	套	1	20 钢	
10	螺钉	1	45 钢	M16 × 50　GB 2161—80　35 ~ 40 HRC
9	压板	1	35 钢	
8	轴	1	45 钢	
7	螺钉	1	35 钢	M6 × 14
6	盖	1	20 钢	
5	弹簧	1	65Mn	
4	夹具体	1	HT200	
3	楔轴	1	45 钢	50 ~ 55 HRC
2	盖	1	20 钢	
1	螺钉	4	35 钢	M8 × 12

			比例	1:1		
			件数			
设计			重量		共 1 张	第 1 张
指导						
审核						

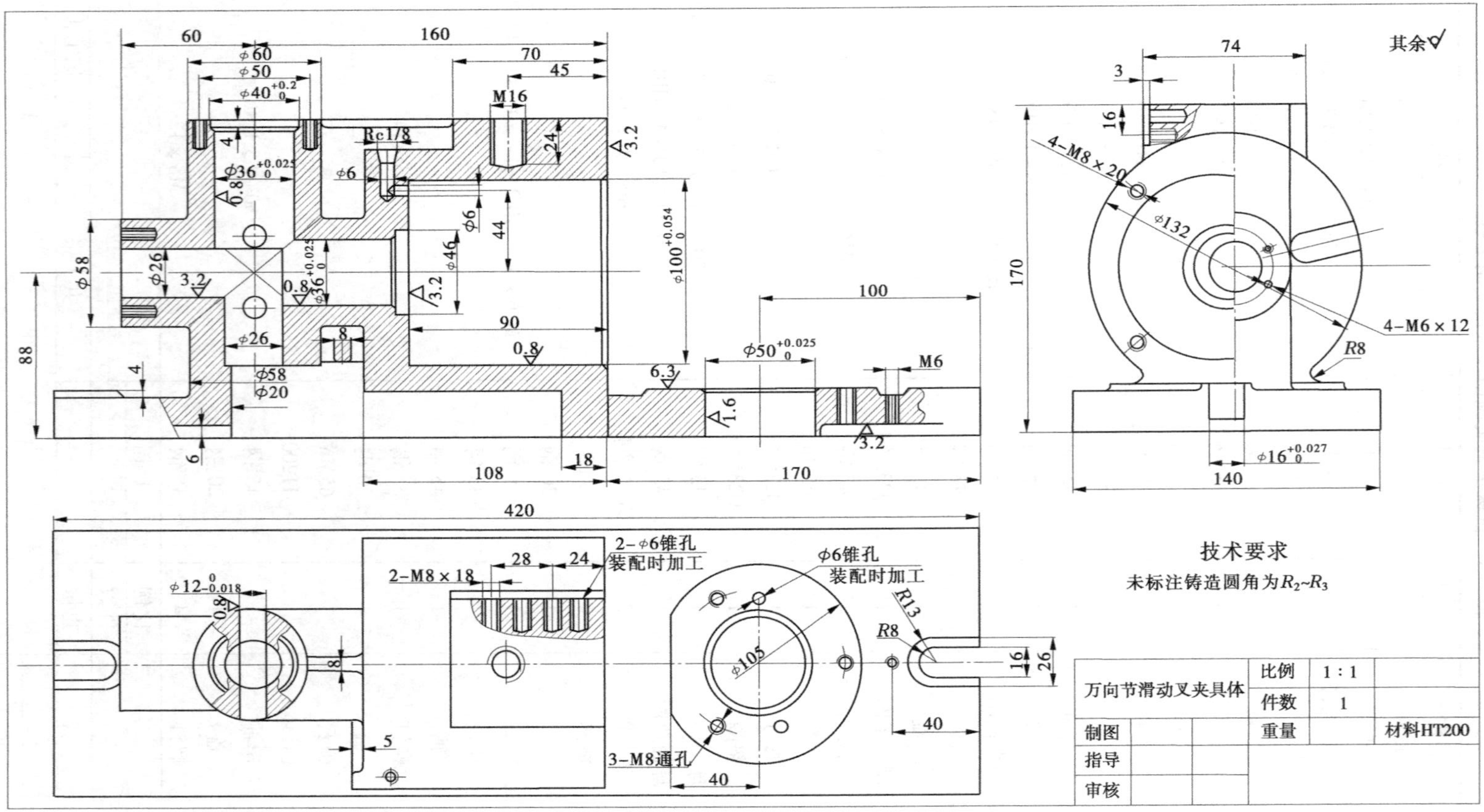
其余
技术要求
未标注铸造圆角为R2~R3
万向节滑动叉夹具体
比例 1:1
件数 1
重量
材料HT200
制图
指导
审核
2-φ6锥孔 装配时加工
φ6锥孔 装配时加工
3-M8通孔
2-M8×18
4-M8×20
4-M6×12
Rc1/8
M16
M6

图3-10 夹具体零件图

§3.3 托架零件专用铣床夹具设计

3.3.1 夹具设计任务书

图 3-11 所示为一铸铁托架零件的零件图,生产规模为中等批量生产。零件的 ϕ35H8 孔和左侧平面 B 已在前工序按图纸要求加工完毕。本道工序要求在 X61W 万能卧式铣床上加工顶面 C,需要设计一专用铣床夹具以便加工顶面 C,满足零件图上的各项精度要求。

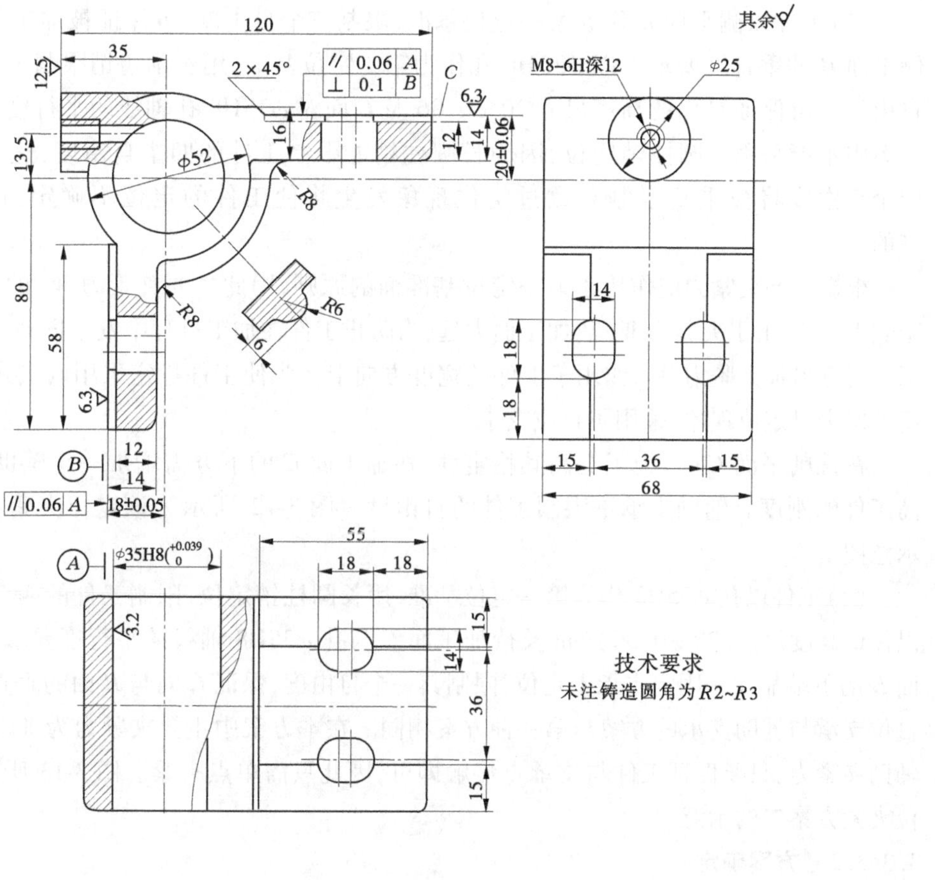

图 3-11 托架零件图

3.3.2 零件加工工艺分析

零件图对顶面 C 加工的精度要求如下:

(1)顶面 C 至 ϕ35H8 孔轴线的距离精度为(20 ± 0.06)mm。

(2)顶面 C 对 ϕ35H8 孔轴线的平行度公差为 0.06 mm。

(3)顶面 C 对侧平面 B 的垂直度公差为 0.1 mm。

(4)顶面的表面粗糙度 R_a 为 6.3 μm。

加工顶面时工件对垂直向下的切削力支承刚度较差。

前工序已对 ϕ35H8 和侧平面 B 加工完毕，工件的其他部位均为毛面，所以在选择精基准时只能以 ϕ35H8 孔和侧平面 B 作为精基准。

3.3.3 确定夹具的结构方案

3.3.3.1 **方案比较**

根据工序加工要求分析，工件定位时只需限制五个自由度，沿工件加工面宽度方向的不定度可不必予以限制。现有两种定位夹紧方案可供选择。

(1)工件以侧平面 B 作为第一定位基准，限制三个自由度，可保证被加工平面 C 与侧平面 B 的垂直度要求。以 ϕ35H8 孔作为第二定位基准，用长削边销限制工件的两个自由度。可保证 C 面的高度尺寸 20 ±0.06 及 C 面对 ϕ35H8 孔轴线的平行度要求。该方案中不能采用长圆柱销定位，因为长圆柱销能限制工件的四个自由度，这样 $\overrightarrow{X}$ 和 $\overrightarrow{Z}$ 两个自由度将被重复限制导致过定位现象发生将使工件的定位不确定，这是不允许的。

根据主要夹紧力应作用于第一定位基准面的原则，因此主要夹紧力 W_1 的方向垂直于侧平面 B，由于夹紧力 W_1 离加工面太远，为防止工件在加工过程中发生振动，还需在加工面附近另加夹紧力 W_2，作用于工件的宽度方向上。为使工件稳定采用两点式夹紧，为避免发生过定位现象，采用了自位支承。

在铣削平面 C 时，为了提高其稳定性，在加工面 C 的下方需增加一个辅助支承，提高工件的刚度。辅助支承不限制工件的自由度。图 3-12 所示为该定位夹紧方案一的示意图。

(2)工件以孔 ϕ35H8 作为第一定位基准，用长圆柱销定位，限制工件的四个自由度，以保证高度尺寸(20 ±0.06)mm 及待加工面 C 与孔 ϕ35H8 轴线的平行度要求。以侧平面 B 的下端靠在一固定支承上定位，限制其一个自由度，保证 C 面与 B 面的垂直度要求，自位支承与辅助支承的方案与第一种方案相同。在本方案中主要夹紧力为 W_2，而 W_1 为辅助夹紧力，只要保证工件与支承点接触即可，因此只需单点夹紧。图 3-13 所示为该定位夹紧方案二的示意图。

3.3.3.2 **方案确定**

比较上述两种方案可以看出它们各有优缺点。方案一的定位基准与设计基准重合，因而 C 面与 B 面的垂直度定位误差为零，这是它的主要优点。缺点则是夹紧机构设计困难，对于夹紧力 W_1，无安放压板的空间。方案二的优点是夹紧机构容易设计，因为 W_1 是单点夹紧，夹紧力又小，W_1 与 W_2 可采用联动夹紧，使操作方便、迅速、夹具结构紧凑。缺点是 B 面上只有一点定位，垂直度的定位误差较大。

夹具设计过程中，如能控制夹具的定位误差为工件上相应公差值的 1/2 ~ 1/3 时。即可满足工件加工精度要求。现对方案二的定位误差进行分析计算如下：

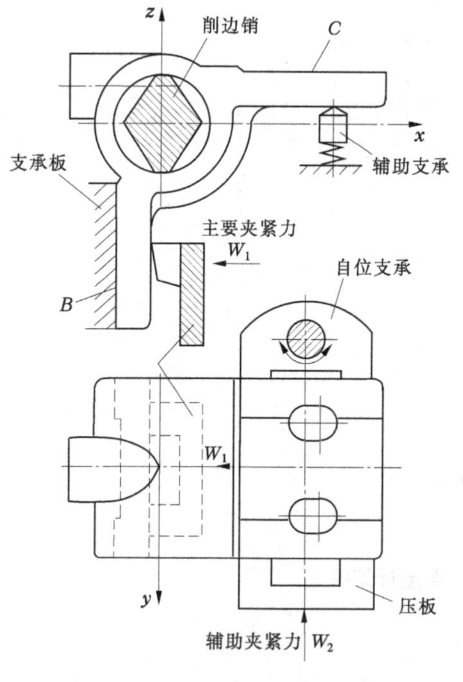

图 3-12　托架定位夹紧方案一

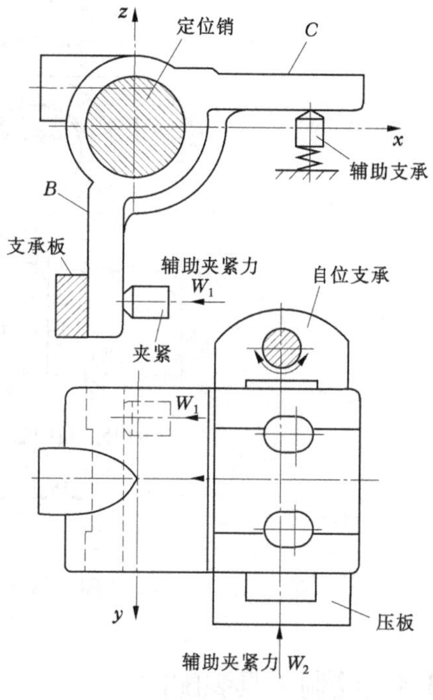

图 3-13　托架定位夹紧方案二

设夹具上定位销的直径为 $\phi35g6\left(^{-0.009}_{-0.025}\right)$，定位销轴线到支承板的尺寸为 (18 ± 0.015) mm（此公差按零件上相应尺寸公差的 1/3 选取），根据图 3-14 所示的托架定位误差计算图。当工件尺寸 18 为最大值（18.05），而支承板至定位销轴线距离为最小值 $(18-0.015)$ 时，工件将产生最大转角误差 θ，由此而产生的被加工面 C 的垂直度定位误差 ε_1 为：

$$\varepsilon_1 = 55\tan\theta = \frac{55 \times (0.15 + 0.05)}{70 + 17.5} = 0.041$$

由于 $\varepsilon_1 = 0.041 < \frac{0.1}{2}$，即垂直度误差小于 C 面对 B 面的垂直度公差的 $\frac{1}{2}$，因而是允许的。

如图 3-14 所示，尺寸 20 ± 0.06 的定位误差应为 ε_2

$$\varepsilon_2 = \frac{D_{\max} - d_{\min}}{2} = \frac{0.039 - (-0.025)}{2} = 0.032$$

由于 $\varepsilon_2 = 0.032 < \frac{0.12}{2} = 0.06$，即 ε_2 小于尺寸 20 的公差值的一半，因而是允许的。根据以上的计算分析，方案二能满足工件加工精度要求，故本例中确定方案二为最终的夹具定位夹紧方案。

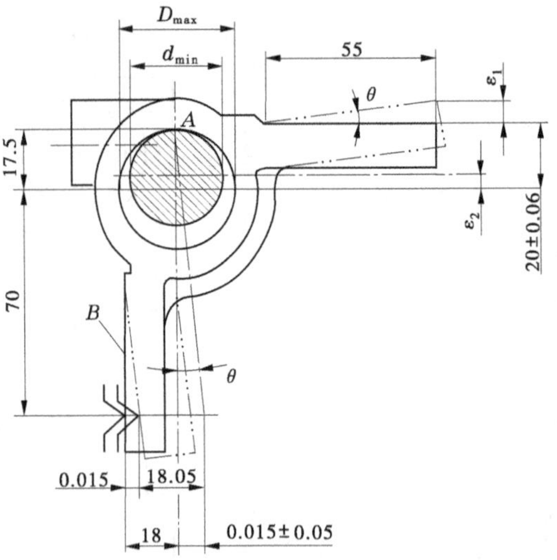

图 3-14 托架定位误差计算图

3.3.4 绘制夹具装配图

3.3.4.1 夹具结构设计

(1)铣夹具定位销 2 的设计。本铣床夹具采用固定式定位销,销的一端以 $\phi 18\ \frac{H7}{r6}$过盈配合压入夹具体。定位销直径选用 ϕ35g6 与工件孔 ϕ35H8 形成小间隙配合,销的精度等级为 IT6,比配合孔高二级,其长度与配合孔长度基本相同,端部做成 15°大倒角,倒角部分长度为 6,以便能方便地套装工件。

(2)支承板 14 的设计。支承板用来限制工件绕定位销轴转动的自由度,它用两个内六角螺钉 M8 ×20 固定在夹具体 1 中。为保证夹具的装配尺寸 18 ±0.015,在夹具装配图的技术要求中,提出装配时用修配法,修磨支承板 14 的定位面或装配面来保证此距离精度要求,故支承板上设计有宽 2 mm 深 0.5 mm 的退刀槽,以便于修磨。

(3)自位支承 4 的设计。该自位支承的结构特点是其两个定位点可绕其下部 ϕ20 轴线转动,它与夹具体采用了 $\phi 20\ \frac{H7}{g6}$的小间隙配合。该支承右边的螺钉 M8 × 5.5 的作用是使自位支承不能轴向移动,螺钉中间圆柱部分的长度 $5.5^{+0.20}_{+0.05}$大于自位支承上相应的尺寸 $5.5^{-0.14}_{-0.32}$,保证螺钉不压紧在自位支承上,而让它可以自由转动。

(4)联动夹紧机构的设计。由于工件需在两处夹紧,为使夹具的结构紧凑,操作迅速方便,采用了联动夹紧机构如图 3-15(b)所示。当拧紧螺母,通过悬式垫圈推动压板 3 的上端夹紧工件的同时,压板下端推动支承钉 19 使杠杆 17 绕螺钉轴 13 转动,从而推动支钉轴 13 转动,从而推动支钉 15 将工件的侧面夹紧。杠杆前方的螺钉 M6 ×25 是用来控制杠杆 17 的转角的。

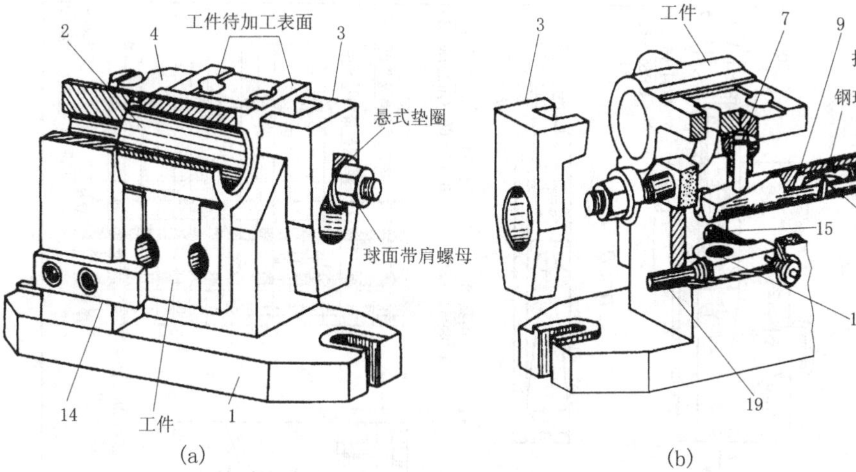

图 3-15　铣夹具的定位夹紧机构部分轴测示意图

压板的设计采用了可卸式压板，即在 ϕ14 mm 孔的下面有一个大孔，直径 ϕ31 mm 大于悬式垫圈的直径 ϕ30 mm，螺母松开后，向上抬起压板即能方便取出。

为使安装工件和压板方便，要求支钉 15 和 19 在装工件前尽可能缩向夹具体内，故在支钉处相应装上两个弹簧 16 和 18，且弹簧 16 的力要克服弹簧 18 的力，以保证杠杆 17 前端靠在螺钉的端部。

(5)辅助支承的设计。由于工件是从侧面套入定位销中，因此在装工件时，辅助支承面应低于其工作位置，以便于装入工件。这里采用推引式辅助支承结构。如图 3-15(b)及图 3 16 的 *C*—*C* 剖视，当工件夹紧后向左推动滚花把手通过螺杆 10 将调节楔 9 向左推，通过斜面使支承 7 上升与工件接触。调节楔斜面倾角选用 10°。由于它大于自锁角 6°不能自锁，因此还必须有锁紧装置。转动把手，使螺杆 10 左移推动钢球，使两个半圆块 12 向外涨开，压紧在夹具体的 20 孔内，达到锁紧。

挡盖 8 的作用是防止切屑落入支承 7 与衬套 6 间而影响辅助支承滑动的灵活性，挡盖 8 与支承 7 的端部需采用较紧的过渡配合($\phi 11\ \frac{H7}{n6}$)。

(6)铣夹具在机床工作台上的定位。在铣夹具的底面槽中，设计有两个定位键 A14h8，键的下端装在机床工作台台面上的 T 形槽中，以保证夹具在机床工作台上的正确位置。

3.3.4.2　绘制夹具装配图

图 3-15 所示为该铣夹具的定位、夹紧机构部分的轴测示意图，此图给出了夹具较完整的外形，清楚地表达了定位元件、联动夹紧机构和辅助支承等部分的结构情况。图 3-16 所示为该铣夹具的装配图，该图详细标注了夹具的各主要尺寸、公差与配合及夹具的技术要求。列出了夹具中各标准元件代号及规格，非标准元件明细表。

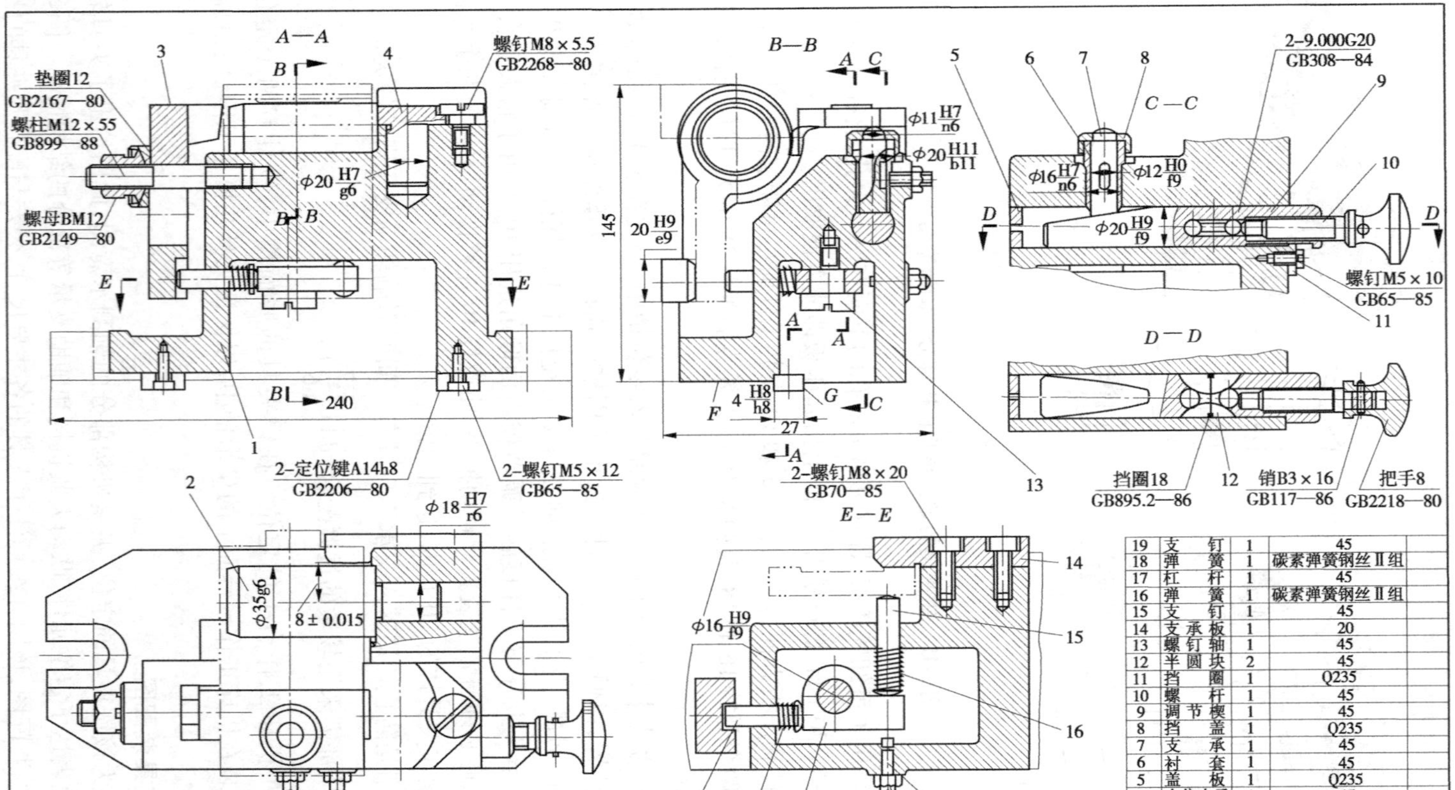

技术要求

1. ϕ36g6圆柱面轴线对夹具体底面 *F* 的平行度公差0.025；
2. ϕ35g6圆柱面轴线对定位键侧面 *G* 的平行度公差0.1；
3. 装配时用修配法，修磨支承板14的定位面或装配面，保证ϕ35g6圆柱面轴线到支承板到定位面的距离18±0.015

序号	名称	数量	材料	备注
19	支钉	1	45	
18	弹簧	1	碳素弹簧钢丝Ⅱ组	
17	杠杆	1	45	
16	弹簧	1	碳素弹簧钢丝Ⅱ组	
15	支钉	1	45	
14	支承板	1	20	
13	螺钉轴	1	45	
12	半圆块	2	45	
11	挡圈	1	Q235	
10	螺杆	1	45	
9	调节楔	1	45	
8	挡盖	1	Q235	
7	支承	1	45	
6	衬套	1	45	
5	盖板	1	Q235	
4	自位支承	1	45	
3	压板	1	45	
2	定位销	1	20	
1	夹具体	1	HT200	
铣夹具		比例 1:2 图号	共1张	第1张

图3-16 铣夹具装配图

第4章 机床夹具公差和技术要求

§4.1 制定夹具公差和技术要求的主要依据和基本原则

4.1.1 主要依据

在确保工件加工精度的前提下，如何正确合理地制订夹具的公差和技术要求，是设计夹具时必须解决的主要问题。其依据有以下几个方面。

4.1.1.1 产品图样

在一般情况下，被加工工件的尺寸、公差和技术要求都标注在零件图或工序图上。当零件图不能把零件的性能作用表示清楚，或装配后还需要进行加工时，则需要参考它的装配图。即参考装配要求的尺寸、公差和技术要求。

4.1.1.2 工艺规程

工艺过程中，对工件每一道工序的加工尺寸、公差和技术要求等，都作了明确规定和详细说明，这时夹具的公差，就应该根据工艺规程中(要设计夹具的工序)具体规定的尺寸公差来制订夹具的相应的尺寸、公差，以确保工序要求。

4.1.1.3 设计任务书

在设计任务书中，不仅提供了工件的定位、夹紧和夹具结构等一般设计要求，而且对设计中的一些特殊问题，也作了说明。这对合理地制订夹具公差和技术要求有很大的指导作用。

4.1.2 基本原则

(1)在机械加工中，由于各种误差的影响因素，使被加工工件产生一定的误差。为了保证工件的加工精度，在制订夹具的公差和技术要求时，应使夹具制造误差的总和不超过相应公差的1/5～1/3。否则应进行工序误差的分析计算，使其满足误差计算不等式。

(2)为增加夹具使用的可靠性，延长夹具的使用寿命，必须考虑夹具使用中的磨损补偿问题。因此，应根据工厂的现有设备条件和制造夹具的技术水平，在不增加制造困难的前提下，应尽量地把夹具的公差订得小一些。

(3)在夹具制造中，为了提高夹具的制造精度、减少加工的困难，可采用调整法、修配法、装配后加工、就地加工等方法。此时，允许夹具各组成元件的制造公差适当放宽要求。

(4)夹具中的尺寸、公差和技术要求应表示清楚，不要相互矛盾和重复；凡注有公差要求的部位，必须有相应的检验基准。

(5)夹具中对于精度要求较高的定位元件，应用较好的材料制造，以保持精度；且淬火硬度一般不低于50 HRC。

(6)夹具设计中不论工件尺寸公差是单向还是双向分布，都应改为平均尺寸作为基本尺寸和双向对称分布的公差。这个改后的平均尺寸，就作为夹具上相应的基本尺寸，然后根据工件要求，规定夹具的制造公差。

如图4-1所示，工件两孔中心距尺寸为$250^{+0.1}_{0}$，设计夹具时，如简单地将夹具的尺寸公差标注为(250 ±0.015)mm，这就错了，因为这时的夹具孔距最小极限尺寸为249.985 mm，已超出工件的公差范围。正确的标注应按上述方法，将工件的尺寸公差首先改为(250.05 ±0.05)mm，这个平均尺寸250.05 mm就是夹具的基本尺寸，然后取这个对称分布公差±0.05 mm的1/3作为夹具的制造公差，即为±0.015 mm，这样才能满足工件加工尺寸公差的要求。

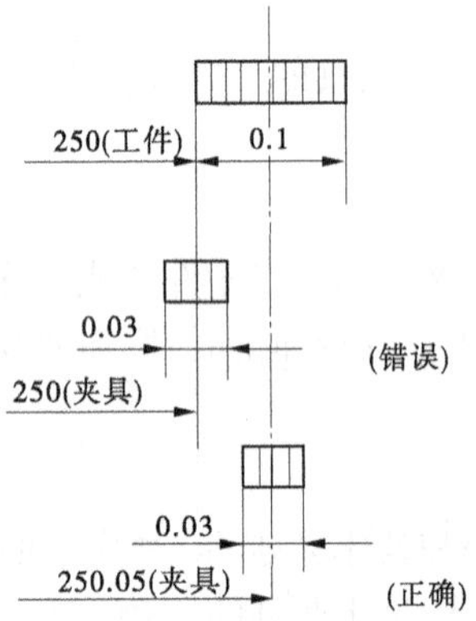

(a)尺寸分布图

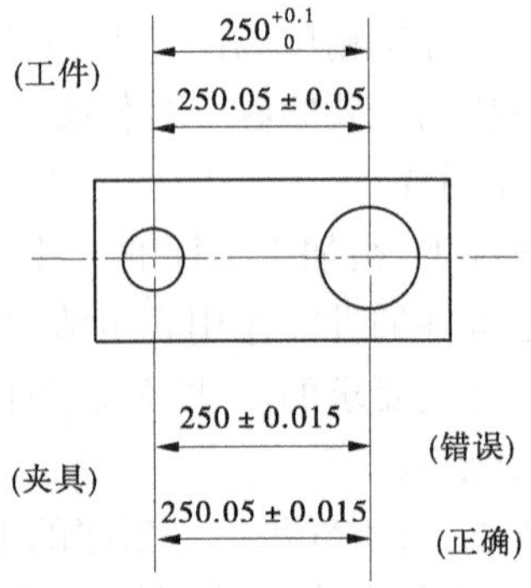

(b)工件夹具尺寸标注示意图

图4-1　夹具尺寸公差的标注正误图

§4.2　夹具各组成元件相互位置精度和相关尺寸的制订

一般夹具公差可分为与工件加工尺寸直接有关的和与工件加工尺寸无直接关系的两类。

4.2.1　直接与工件的工序尺寸公差和要求有关的夹具尺寸公差和技术要求

这一类公差可直接由工件的尺寸公差和技术要求，来制订夹具相应的尺寸公差和技术要求。例如，夹具定位元件之间(如平面双孔定位时，两定位销间的中心距)，导向、对刀元件之间(如孔系加工时，钻、镗套间的中心距)，以及导向、对刀元件与定位元件之间(如对刀块工作面至定位面间的距离)等有关的尺寸公差和位置公差。这类夹具公差是与工件的加工精度密切相关的，因此，必须按工件的工序尺寸公差确定。

由于误差的分析计算还很不完善，因此在制订这类夹具公差时，不能都采用分析计算法，而多数仍沿用经验公式来确定，即一般取夹具的公差为工件相应工序尺寸公差的1/5 ~1/2。在具体选取时，则必须结合工件的加工精度要求、批量大小以及工厂在制造夹具方面的生产技术水平等因素进行细致分析和全面考虑，通常有下列规律可循。

(1)当工件的加工精度要求较高时，若夹具公差取得过小，将造成夹具难以制造，甚至无法制造。这时则可使夹具公差所占比例略大些。反之,工件加工精度要求较低时。夹具公差所占比例则可适当取小些。

(2)当工件的生产批量大时,为了保证夹具的使用寿命,这时夹具公差宜取小些,以增大夹具的磨损公差;而当工件的生产批量小时,此时夹具使用寿命问题并不突出,但为了便于制造,故夹具公差可取得大些。

(3)若工厂制造夹具的技术水平较高,则夹具公差可取小些。

表4-1列出了各类机床夹具公差与工件相应公差的比例关系,按此比例可选取夹具公差。

表4-2和表4-3分别列出了按工件相应尺寸公差和角度公差选取夹具公差的参考数据。

夹具各组成元件间的相互位置精度一般考虑以下几方面的要求:

(1)定位面间或定位面与夹具的安装基面(即夹具的底面、定位键的工作侧面和找正基面等)之间的平行度或垂直度等要求。

(2)定位面本身的形位公差(如直线度、平面度和位置度)等要求。

表4-1 按工件公差选取夹具公差

夹具类型	工件工序尺寸公差(mm)				
	0.03~0.10	0.1~0.2	0.2~0.3	0.3~0.5	自由尺寸
车床夹具	1/4	1/4	1/5	1/5	1/5
钻床夹具	1/3	1/4	1/4	1/5	1/5
镗床夹具	1/3	1/3	1/4	1/4	1/5

表4-2 按工件直线尺寸公差确定夹具相应尺寸公差的参考数据 (单位:mm)

工件尺寸公差		夹具尺寸公差	工件尺寸公差		夹具尺寸公差
由	到		由	到	
0.008	0.01	0.005	0.20	0.24	0.08
0.01	0.02	0.006	0.24	0.28	0.09
0.02	0.03	0.010	0.28	0.34	0.10
0.03	0.05	0.015	0.34	0.45	0.15
0.05	0.06	0.025	0.45	0.65	0.20
0.06	0.07	0.030	0.65	0.90	0.30
0.07	0.08	0.035	0.90	1.30	0.40
0.08	0.09	0.040	1.30	1.50	0.50
0.09	0.10	0.045	1.50	1.60	0.60
0.10	0.12	0.050	1.60	2.00	0.70
0.12	0.06	0.060	2.00	2.50	0.80
0.16	0.20	0.070	2.50	3.00	1.00

表 4-3 按工件角度公差确定夹具相应角度公差的参考数据

工件角度公差		夹具角度公差	工件角度公差		夹具角度公差
由	到		由	到	
0°00′50″	0°01′30″	0°00′30″	0°20′	0°25′	0°10′
0°01′30″	0°02′30″	0°01′00″	0°25′	0°35′	0°12′
0°02′30″	0°03′30″	0°01′30″	0°35′	0°50′	0°15′
0°03′30″	0°04′30″	0°02′00″	0°50′	1°00′	0°20′
0°04′30″	0°06′00″	0°02′30″	1°00′	1°30′	0°30′
0°06′00″	0°08′00″	0°03′00″	1°30′	2°00′	0°40′
0°08′00″	0°10′00″	0°04′00″	2°00′	3°00′	1°00′
0°10′00″	0°15′00″	0°05′00″	3°00′	4°00′	1°20′
0°15′00″	0°20′00″	0°08′00″	4°00′	5°00′	1°40′

如图 4-2 所示，铣削工件的上平面 *A* 时，要求保证尺寸 *H* 及 *A* 面对 *B* 面的平行度。此时，夹具用支承板作定位元件与工件的定位基面 *B* 相接触，为了满足加工要求，显然两支承板间必须有平面度要求，同时支承板的工作面（即定位面）必须对夹具安装基面有一定的平行度要求。否则就不能满足工件的加工要求。对夹具的这一平行度要求，应按工件相应平行度要求的 1/5 ~ 1/2 来选取。

再如图 4-3 所示。在镗模上镗削车床尾座孔时，工件以其底面上的 V 形导轨面和平导轨面为定位基准，在镗模相应的定位表面上定位，为保证镗孔位置的正确，即保证被加工孔的中心线与 V 形导轨平行。因此，夹具上的 V 形定位元件的对称中心线，必须与镗模上的找正基面 *A* 保持平行关系，否则不能满足工件的加工要求。

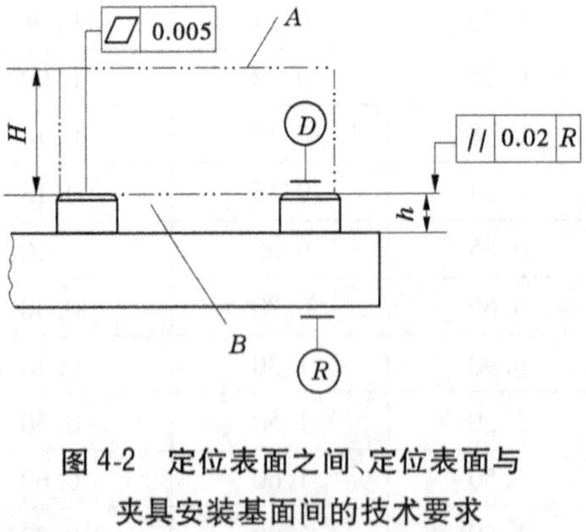

图 4-2 定位表面之间、定位表面与夹具安装基面间的技术要求

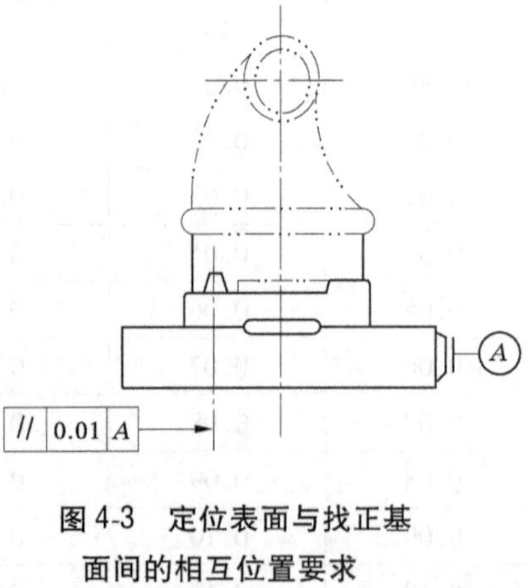

图 4-3 定位表面与找正基面间的相互位置要求

（3）导向元件间、导向元件与定位面或夹具安装基面间的同轴度、平行度或垂直度要求，如图 4-4 所示。加工孔 ϕd，要求钻孔中心线与其定位基准面垂直。为此，必须保证定

位表面与夹具底面 B 间的平行度要求；钻套中心对夹具底面 B（或定位表面 A）的垂直度要求。钻模只有保证了上述这两项技术要求，才能满足工件所要求的垂直度。

（4）对刀块工作面至定位面的距离公差。图 4-5 为在轴上铣削键槽的对刀装置和定位简图。加工要求保证键槽对轴中心线对称。为此，工件定位用的 V 形块的轴线，必须对夹具两定位键的工作侧面规定平行度要求（图中未示出）。

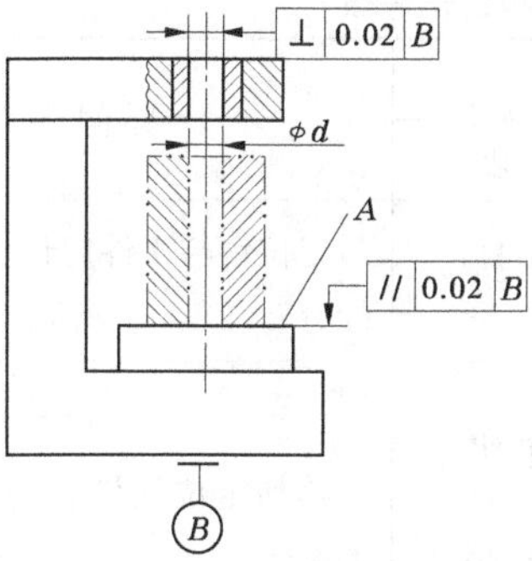

图 4-4　导向元件和定位面与夹具安装基面间的相互位置要求

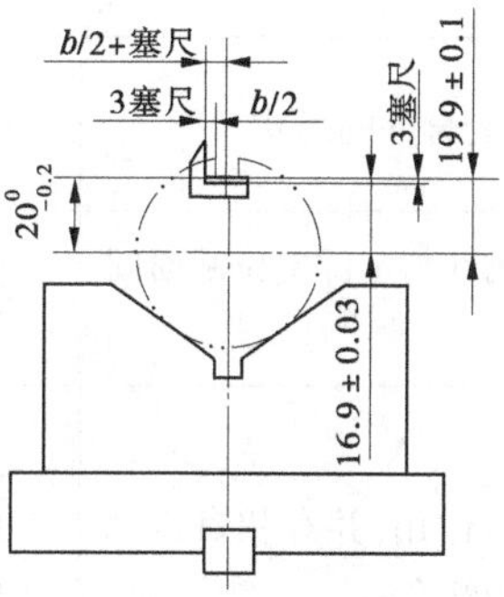

图 4-5　对刀块工作表面到定位表面间距离的制造公差

为便于确定刀具的位置，一般常采用对刀块。如图 4-5 所示键槽加工尺寸为 $20^{\ 0}_{-0.2}$ mm，此尺寸公差为单向分布，应化为平均尺寸对称公差，即为（19.9 ±0.1）mm，然后按此尺寸（19.9 mm），减去塞尺的厚度（3 mm），即 19.9 − 3 = 16.9 (mm)，作为对刀块工作面到定位面的尺寸，其公差数值应按相应工序尺寸公差的 1/5 ~ 1/2 确定。如取 1/3 则为 $1/3 \times 0.2 \approx 0.06 = \pm 0.03$ (mm)，即为图示之尺寸公差（16.9 ±0.03）mm。

而对刀块垂直工作面到定位面的距离，则应按槽宽 b 的 1/2 来确定，即在该尺寸上再加上塞尺厚度（3 mm），如图 4-5 所示之尺寸 $b/2$ 加塞尺。其公差数值用上述方法确定。

以上这些技术要求，都是为了满足工件的加工要求而提出的。但是，有时为了保证操作正常而安全地进行，也需要规定一些其他技术要求。如有些钻孔工序，被钻孔与其定位基准面间并无垂直度要求，但为了使钻头能正常工作，不致因蹩住而折断，这时也在钻模总装图上，规定钻套中心线对钻模底面的垂直度要求（一般 100 mm 内公差为 0.05 mm）等。

凡与工件技术要求有关的夹具技术要求，其公差数值同样按工件相应技术要求公差的 1/5 ~ 1/2 选取。若工件没有提出具体技术要求时，可参考下列数值选用：

（1）同一平面上的支承钉或支承板的平面度公差为 0.02 mm。

（2）定位面对夹具安装基面的平行度或垂直度在 100 mm 内公差为 0.02 mm。

其他有关数据，在 4.4 节中介绍。

4.2.2　与工件工序尺寸无关的夹具公差和技术要求

这类尺寸公差，与工件的尺寸公差无直接关系，多属于夹具内部的结构配合尺寸公差。例如，定位元件与夹具体的配合尺寸公差，夹紧机构上各组成零件间的配合尺寸公差等。这类尺寸公差主要是根据零件在夹具中的功用和装配要求，而直接根据国家标准选取配合种类和公差等级，并根据机构性能要求提出相应的要求等。

§4.3　夹具公差与配合的选择

夹具的公差与配合，应符合国家标准。机床夹具常用的配合种类和公差等级见表4-4。

表4-4　机床夹具常用配合种类和公差等级

<table>
<tr><th colspan="2" rowspan="2">配合件的形式</th><th colspan="2">精度要求</th><th rowspan="2">示例</th></tr>
<tr><th>一般精度</th><th>较高精度</th></tr>
<tr><td colspan="2">定位元件与工件定位基面间的配合</td><td>$\frac{H7}{h6}$、$\frac{H7}{g6}$、$\frac{H7}{f6}$</td><td>$\frac{H6}{h5}$、$\frac{H6}{g5}$、$\frac{H6}{f5}$</td><td>定位销与工件定位基准孔的配合</td></tr>
<tr><td colspan="2">有导向作用，并有相对运动元件间的配合</td><td>$\frac{H7}{h6}$、$\frac{H7}{g6}$、$\frac{H7}{f6}$
$\frac{H7}{h6}$、$\frac{G7}{h6}$、$\frac{F7}{h6}$</td><td>$\frac{H6}{h5}$、$\frac{H6}{g5}$、$\frac{H6}{f5}$
$\frac{H6}{h5}$、$\frac{G6}{h5}$、$\frac{F6}{h5}$</td><td>移动定位元件、刀具与导套的配合</td></tr>
<tr><td colspan="2">无导向作用，但有相对运动元件间的配合</td><td>$\frac{H8}{f9}$、$\frac{H8}{d9}$</td><td>$\frac{H8}{f8}$</td><td>移动夹具底座与滑座的配合</td></tr>
<tr><td rowspan="2">没有相对运动元件间的配合</td><td>无紧固件</td><td colspan="2">$\frac{H7}{n6}$、$\frac{H7}{r6}$、$\frac{H7}{s6}$</td><td rowspan="2">固定支承钉、定位销</td></tr>
<tr><td>有紧固件</td><td colspan="2">$\frac{H7}{m6}$、$\frac{H7}{k6}$、$\frac{H7}{js6}$</td></tr>
</table>

§4.4　各类机床夹具公差和技术要求的制订

由于各类机床的加工工艺特点及夹具与机床的连接方式等的不同，对夹具也有不同的要求。因此，各类机床夹具在其元件的组成、夹具的整体结构和技术要求等方面，都有其各自的特点。按其特点，通常把机床夹具分为车、磨（外圆磨）床夹具，铣、刨床夹具和钻、镗床夹具三大类。

4.4.1　车、磨床夹具公差和技术要求的制订

常用的车、磨床夹具多为心轴与卡盘两种类型。用来加工工件的内外圆柱面、回转成形面、螺纹表面以及相应的端面等。上述各种加工表面，都是围绕机床主轴的回转轴线而形成的。保证工件回转轴线的位置精度，即保证工件回转轴线的坐标位置所必要的尺寸精度和位置精度，是车、磨床夹具要解决的主要问题。因而，确定工件在夹具中位置的定位面，相对于机床回转轴线的位置尺寸和公差，是制订车、磨床夹具公差和技术要求的主要内容。根据上述两种夹具的结构和加工特点分述如下。

4.4.1.1　心轴

就其工作面的结构形式，心轴可分为刚性和弹性胀开式两种，刚性心轴主要是正确选择

心轴定位面与工件定位基面的配合种类和公差等级,并规定定位面对心轴安装基面之间的同轴度公差。而弹性胀开式心轴工作时,它与工件定位基准孔的配合间隙,是靠定位面的均匀胀开而消除的。所以,这种心轴的制造公差,可适当放宽一些,给制造和使用带来方便。

表 4-5 是一般常用刚性心轴和弹性胀开心轴的制造公差。心轴的基本尺寸,就是工件定位基准孔的最小尺寸。

当表 4-5 中的心轴公差不能满足工件加工要求时,可按表 4-6 选用其他配合种类和公差等级。

表 4-5　一般常用心轴的制造公差　(单位:mm)

工件定位基面的基本尺寸	心轴的结构形式			
	弹性心轴		弹性胀开式心轴	
	精加工	一般加工	精加工	一般加工
6 ~ 10	-0.005 -0.014	-0.025 -0.047	-0.013 -0.028	-0.040 -0.062
10 ~ 18	-0.006 -0.017	-0.032 -0.059	-0.016 -0.034	-0.050 -0.077
18 ~ 30	-0.007 -0.020	-0.040 -0.073	-0.020 -0.041	-0.065 -0.098
30 ~ 50	-0.009 -0.025	-0.050 -0.089	-0.025 -0.050	-0.080 -0.119
50 ~ 80	-0.010 -0.029	-0.060 -0.106	-0.030 -0.060	-0.100 -0.146
80 ~ 120	-0.012 -0.034	-0.072 -0.126	-0.036 -0.071	-0.120 -0.174
120 ~ 180	-0.014 -0.039	-0.085 -0.148	-0.043 -0.083	-0.145 -0.208
180 ~ 250	-0.015 -0.044	-0.100 -0.172	-0.050 -0.096	-0.170 -0.242
250 ~ 315	-0.017 -0.049	-0.110 -0.191	-0.056 -0.108	-0.190 -0.271
315 ~ 400	-0.018 -0.054	-0.125 -0.214	-0.062 -0.119	-0.210 -0.299
400 ~ 500	-0.020 -0.060	-0.135 -0.232	-0.068 -0.131	-0.230 -0.327

表 4-6　心轴的配合种类和公差等级

刚性心轴		弹性胀开式心轴	
精加工	一般加工	精加工	一般加工
h5、g5、h6	h6、g6、f7	h6、g6、f7	f7、e8

心轴在机床上的安装方式,通常有以下几种:心轴可以用其中心孔(见图 4-6),安装

在机床的前后顶尖上；也可用莫氏锥度的尾柄(见图4-7)，直接插入机床主轴的锥孔内；有带找正基面的心轴(见图4-8)，在四爪卡盘内找正，确定其在机床上的位置。但不管采用哪种方式，都应在心轴的总装图上提出定位面对其中心孔、锥度尾柄或找正基面的相互位置精度。因为心轴工作时，是随机床主轴一起回转的，所以心轴的安装基准(即中心孔、锥柄、找正基面等)必须与定位面同轴，否则将直接影响工件的加工精度。因此，定位面对心轴回转中心(即心轴的安装基面)的同轴度要有严格规定。在图4-6中，两阶梯定位面对两中心孔轴线的同轴度公差为0.011 mm。在图4-7中，心轴定位面对锥柄的同轴度公差为0.01 mm。在图4-8中，定位面对找正基面的同轴度公差为0.01 mm。在图4-6、图4-7、图4-8中，各轴向定位面对心轴回转轴线A的垂直度公差为0.01 mm，符合技术要求，有了这些技术要求，就能保证工件的加工要求。

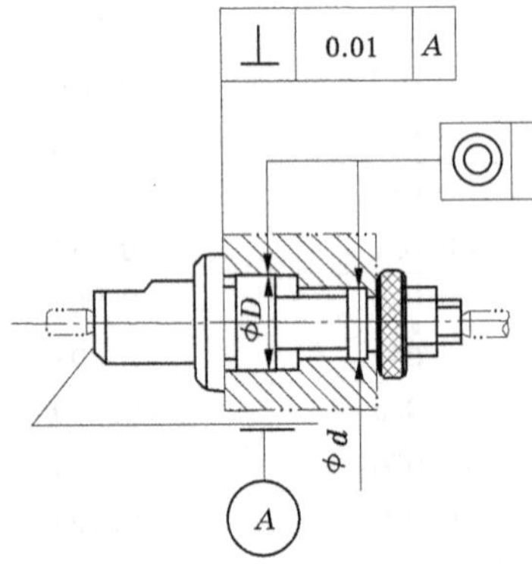

图4-6 阶梯心轴

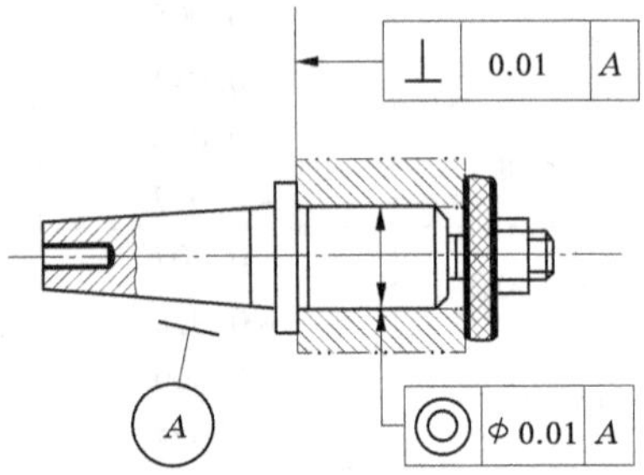

图4-7 锥柄心轴

表4-7是车、磨床夹具加工有同轴度要求的工件时，定位面对共同转轴线的同轴度公差，供设计时参考。

表4-7 车、磨床夹具同轴度公差 (单位：mm)

工件同轴度公差	定位面对其回转轴线的同轴度公差	
	心轴类夹具	一般磨床夹具
0.05～0.10	0.005～0.010	0.01～0.02
0.10～0.20	0.010～0.015	0.02～0.04
0.20以上	0.015～0.030	0.04～0.06

4.4.1.2 卡盘

卡盘与机床主轴的连接形式，因机床主轴前端的结构形式和卡盘径向尺寸的大小而异。一般小型卡盘(指直径小于140 mm的卡盘)可用锥柄与机床主轴的锥孔连接；径向尺寸较大的卡盘，常用过渡盘将夹具(卡盘)与机床主轴连接起来，即夹具以其定位孔按H7/js6或H7/h6配合，安装在过渡盘的凸缘上，而过渡盘以圆孔按H7/js6或H7/h6和主轴的定位轴颈相配合；或以相应的锥孔与主轴的长锥或短锥相配合，以保证卡盘的回转轴线与机床主轴的回转轴线同轴。因此，过渡盘的凸缘对其圆孔或锥孔应严格同轴，一般同轴度公差应控制在0.01 mm以内。

卡盘类夹具,除上述要求外,定位面与夹具的安装基面间也需要有较严格的技术要求,其要求与心轴的要求基本相同。图 4-9 为加工轴套内孔用的夹具结构简图。为了保证工件外圆与内孔的同轴度要求,夹具定位面 A 对止口面 C,应有一定的同轴度要求,并对其端面 B 应有一定的垂直度要求,以保证定位面 A 与车床主轴轴线同轴。

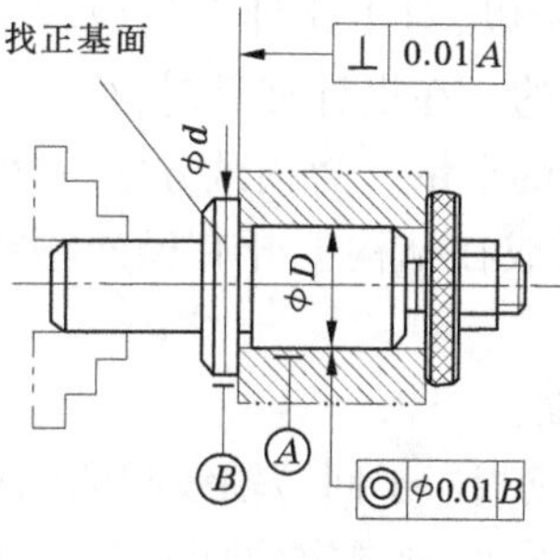

图 4-8　心轴

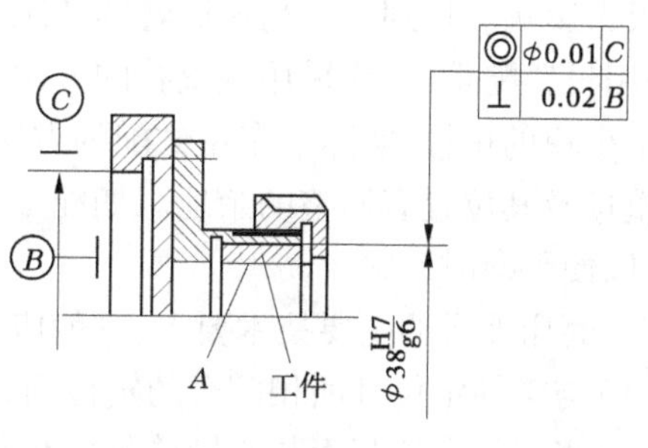

图 4-9　加工轴套内孔的车床夹具

图 4-10 为在车床上镗削支架小孔的夹具。为使被加工孔轴线处于机床主轴的回转轴线上,设有找正基面(基准孔)。因此,定位表面 D 到找正基面(找正孔的轴线),有与工件加工尺寸相应的 35 ±0.03 mm 的尺寸公差要求;为使镗孔轴线与其定位基准(底面 A)

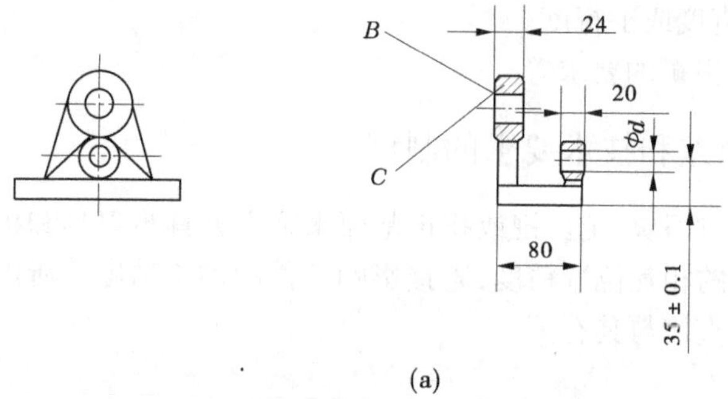

(a)

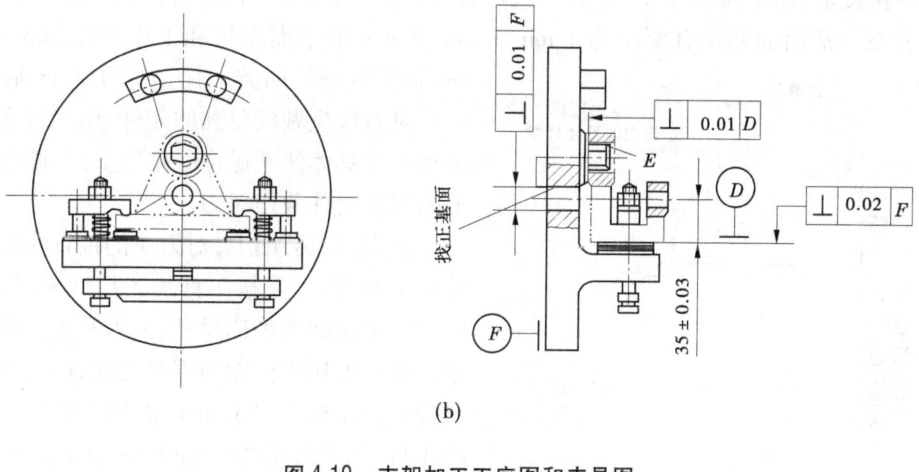

(b)

图 4-10　支架加工工序图和夹具图

平行，夹具上规定有：定位面 D 对端面 F 的垂直度要求；为使夹具安装位置正确，规定找正基面的轴线对端面 F 的垂直度要求。这些尺寸公差和技术要求，是保证工件的加工要求所必须的。对于图 4-10 所示的角铁式专用卡盘，由于各组成元件和工件所处的位置，相对于机床主轴回转轴线是不平衡的。这对加工质量、刀具寿命、机床精度和加工安全等都有很大影响。特别是在高速回转的情况下影响更大。所以，对于这种夹具应有平衡要求，可用设置配重块，或采用减重孔的方法，达到平衡的目的。在设计夹具时，往往很难计算出平衡块的重量，实际上多用试配的方法来确定平衡块的重量。为调试方便，可使配重块的重量及其位置有调整的余地。如配重块可制成多片，或在结构上开有径向槽或圆弧槽等，以便平衡时调整。

车、磨床夹具的主要技术要求，一般应包括以下几方面：

(1)与工件定位基面相配合的定位面，对其回转轴线或相当于回转轴线间的同轴度。

(2)当工件定位基面与心轴阶梯定位面配合时，应规定此阶梯定位面对其回转轴线的同轴度。

(3)轴向定位面(端面)对径向定位面的垂直度。

(4)定位面对夹具安装基面的平行度或垂直度。

(5)定位面的直线度、平面度或位置度。

(6)各定位面间的垂直度或平行度。

(7)有关制造、使用或平衡的要求等。

4.4.2 铣、刨床夹具公差和技术要求的制订

铣、刨床夹具，常使用对刀块、定位键或找正基面来确定夹具与刀具和机床间的相对位置。它们与定位面之间的相互位置精度，直接影响工件的加工精度。所以，铣、刨床夹具公差和技术要求的制订直接与其有关。

4.4.2.1 对刀块

对刀块是用来确定夹具与刀具相对位置的元件。对刀时，不允许铣刀与对刀块的工作面直接接触，而是通过塞尺(平面形或圆柱形)来确定刀具的位置，以免划伤对刀块的工作表面。常用的塞尺有厚度为 1 mm、3 mm、5 mm 的平面塞尺和工作直径为 3 mm、5 mm 的圆柱塞尺两类。其公差均按 h6 制造。

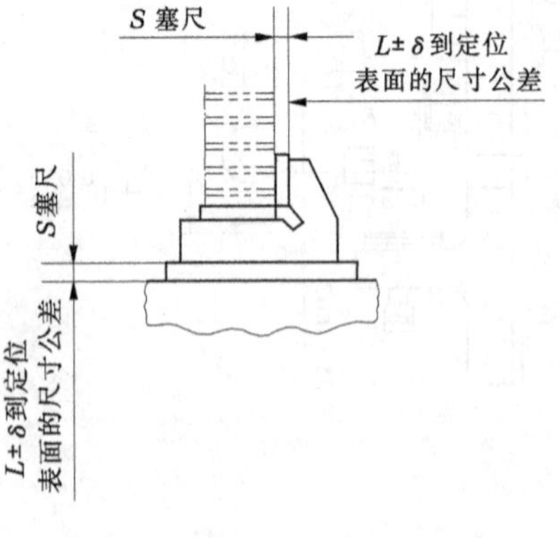

图 4-11 对刀块尺寸公差的标注

对刀块应做成单独的元件，用螺钉和销钉装夹在夹具体便于操作的位置上；不能用夹具上的其他元件兼作对刀块。

在夹具总装图上，对刀块的位置应根据定位面来确定，并需按工件加工精度要求，制订对刀块工作面的坐标尺寸、公差和位置精度要求。在对刀块工作面与刀具之间，应按选择塞尺厚度 S，标注“S mm 塞尺”的尺寸，见图 4-11。当工件的加工面和它的定位基准成平行或垂直位置关系时，对刀块工作面的尺寸

公差,就可直接由定位面注起(见图4-4)。但有许多工件的加工表面与它的定位基准既不平行又不垂直,这就给确定对刀块的正确位置和合理的公差带来许多困难。遇到这种情况时,对刀块的位置就必须通过工艺孔来间接标注它的位置尺寸和公差要求。

对刀块工作面到定位面间的制造公差,可按工件尺寸的相应公差来确定,具体数值可参考表4-8选用。

表4-8 按工件公差确定对刀块到定位面的制造公差 （单位:mm）

工件公差	对刀块到定位面的制造公差	
	平行或垂直时	不平行或不垂直时
±0.10	±0.02	±0.015
±0.10～±0.25	±0.05	±0.035
±0.25以上	±0.10	±0.08

4.4.2.2 定位键

定位键是用来确定夹具与机床工作台之间正确相对位置的元件。定位键应该用两个,分别用螺钉紧固在夹具底面的键槽中,它与键槽的配合一般采用H7/h6或H9/h8。定位键的下半部分的两侧面与铣床工作台中间的一条T形槽相配合,一般铣床工作台的中间T形槽精度较高,其公差为H9。

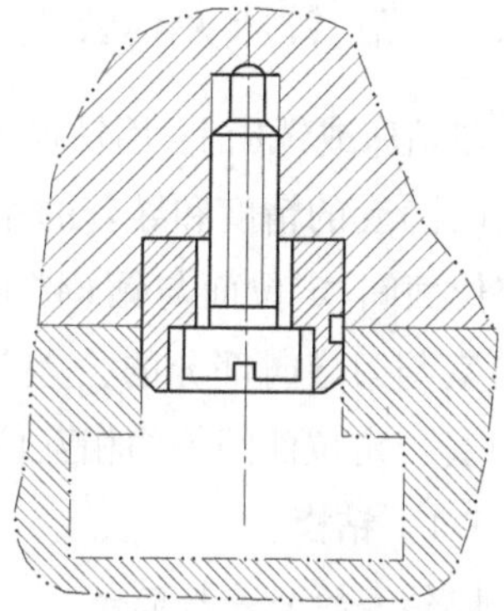

图4-12 定位键与夹具和机床的配合

为了提高夹具的定位精度,可采用键侧开有沟槽的定位键(见图4-12),键的上半部分,按上述配合种类和公差等级与夹具体键槽相配,而定位键下半部分,其宽度尺寸留有余量,以便按间隙配合h6与机床T形槽修配;或者在安装夹具时,把它推向一边,使定位键保持与机床T形槽的一侧贴合,以避免配合间隙的影响。

对于精度要求较高的或重型夹具,一般不采用定位键,而是在夹具体上设置找正基面,用它来找正夹具在机床上的位置。

定位键与定位面之间没有严格的尺寸联系。但为了保证工件处于正确的加工位置,所以对它们之间的相互位置精度(如平行度或垂直度等),必须规定较严的公差。

在铣、刨床夹具中,对刀块工作表面和定位键的工作侧面与定位面的相互位置精度要求,应根据被加工工件的相应要求来确定,它们之间的数值关系见表4-9。

铣、刨床夹具的技术要求,主要根据工件的精度要求来确定,一般应包括以下几方面:

(1)定位面对夹具安装基面的平行度或垂直度。

(2)定位面(导向定位面或轴心线)对定位键工作侧面(或找正基面)的平行度或垂直度。

(3)定位面的平面度或位置度。

(4)定位面间的平行度或垂直度。

表 4-9　对刀块工作面、定位键工作侧面与定位面的技术要求　（单位：mm）

工件加工面对其定位基准的位置要求	对刀块工作面、定位键工作侧面与定位面的平行度或垂直度的公差
0.05 ~ 0.10	0.01 ~ 0.02
0.10 ~ 0.20	0.02 ~ 0.05
0.20 以上	0.05 ~ 0.10

（5）对刀块工作面到定位面距离的制造公差。

当工件没有具体相应位置要求时，则可参考下列数据：

（1）对刀块工作面对定位面的平行度或垂直度在 100 mm 内，公差为 0.03 mm。

（2）定位面与定位键工作侧面间的平行度或垂直度在 100 mm 内，公差为 0.02 mm。

4.4.3　钻、镗床夹具公差和技术要求的制订

在钻床或镗床上，用钻模或镗模加工孔和孔系时，其尺寸精度和相互位置精度，主要由钻（镗）套的精度和导套的相互位置精度来保证。因此，钻模、镗模的公差和技术要求，除定位面间、定位面与钻（镗）模的安装基面间以及其他相互位置要求外，主要还有钻（镗）套与刀导向部分的公差与配合；钻（镗）套中心距的尺寸公差和各钻（镗）套间、钻（镗）套与定位面间等的相互位置精度要求。

4.4.3.1　钻模

1. 钻套的公差与配合

钻套内径的基本尺寸为刀具最大极限尺寸，其公差按基轴制配合制订。一般钻孔、扩孔和粗铰孔时，常采用间隙配合 F8 或 G7。精铰孔时，采用间隙配合 G7 或 G6。当刀具的导向部分，不是切削部分，而是圆柱导向部分（如接长的扩孔钻、铰刀、刀杆等）导向时，也可按基孔制的相应配合。即钻套内径用 H7，刀具导向部分用 f7、g6、g5。根据工件的加工精度和加工方法（钻、扩、铰等）的不同，应采用不同的配合种类和公差等级。其公差与配合按表 4-10 选择。钻套内外圆的同轴度，当内径公差为 H7 时，公差为 0.008 mm；当内径公差为 H6 时，内径小于 50 mm，公差为 0.005 mm，内径大于 50 mm，公差为 0.01 mm。

2. 钻套的位置尺寸及相互位置精度

各钻套中心线间的距离，钻套中心到定位面的距离，及其相互位置精度要求等，应根据工件的具体加工精度要求，相应地对夹具提出精度要求，以确保工件的加工精度，工件被加工孔的轴线位置，有时与其定位基准保持平行或垂直关系，这时在夹具上只标注与工件相应的坐标尺寸及公差即可；有时被加工孔的轴线与其定位基准成倾斜位置，这时，应通过工艺孔间接地标注尺寸和公差，来满足工件的加工精度要求。表 4-11 是按工件工序尺寸公差来确定的钻套中心距，或钻套中心到定位面间的制造公差，供设计时参考。

表 4-10　钻套的公差与配合

<table>
<tr><th>钻套名称</th><th colspan="3">加工方法及配合部位</th><th>配合种类及公差等级</th><th>备注</th></tr>
<tr><td rowspan="2">衬套</td><td colspan="3">外径与钻模板</td><td>$\frac{H7}{r6}$、$\frac{H7}{n6}$、$\frac{H6}{n5}$</td><td></td></tr>
<tr><td colspan="3">内径</td><td>H6、H7</td><td></td></tr>
<tr><td rowspan="2">固定钻模</td><td colspan="3">外径与钻模板</td><td>$\frac{H7}{r6}$、$\frac{H7}{n6}$</td><td></td></tr>
<tr><td colspan="3">内径</td><td>G7、F8</td><td>①</td></tr>
<tr><td rowspan="7">可换钻套及快换钻套</td><td rowspan="3">钻孔及扩孔</td><td colspan="2">外径与衬套</td><td>$\frac{H7}{g6}$、$\frac{H7}{f7}$</td><td></td></tr>
<tr><td rowspan="2">钻孔及铰孔</td><td>刀具切削部分导向</td><td>$\frac{F7}{h6}$、$\frac{G7}{h6}$</td><td>①</td></tr>
<tr><td>刀柄或刀杆导向</td><td>$\frac{H7}{g6}$、$\frac{H7}{f7}$</td><td></td></tr>
<tr><td rowspan="2">粗铰孔</td><td colspan="2">外径与衬套</td><td>$\frac{H7}{g6}$、$\frac{H7}{h6}$</td><td></td></tr>
<tr><td colspan="2">内径</td><td>$\frac{G7}{h6}$、$\frac{G7}{h6}$</td><td>①</td></tr>
<tr><td rowspan="2">精铰孔</td><td colspan="2">外径与衬套</td><td>$\frac{H6}{g5}$、$\frac{H6}{h5}$</td><td></td></tr>
<tr><td colspan="2">内径</td><td>$\frac{G6}{h5}$、$\frac{H6}{h5}$</td><td>①</td></tr>
</table>

注:①基本尺寸为刀具的最大尺寸。

表 4-11　钻套中心距或钻套中心到定位面间的制造公差　　(单位:mm)

工件孔中心距或到定位基准的公差	钻套中心距或钻套中心到定位面间的制造公差	
	平行或垂直时	不平行或不垂直时
±0.05 ~ ±0.10	±0.005 ~ ±0.02	±0.005 ~ ±0.015
±0.10 ~ ±0.25	±0.02 ~ ±0.005	±0.015 ~ ±0.035
±0.25 以上	±0.05 ~ ±0.10	±0.035 ~ ±0.080

被加工孔的相互位置精度要求,在夹具上也应有相应的相互位置精度要求来保证。为此,必须要求钻套中心线对定位面,或对夹具的安装基面保持相应的相互位置精度要求,其公差数值,应按工件的加工技术要求来确定。具体数据见表 4-12。

表 4-12　钻套中心线对夹具安装基面的相互位置精度　　(单位:mm)

加工孔对其定位基准面的平行度或垂直度公差	钻套中心线对夹具安装基面的平行度或垂直度要求
0.05 ~0.10	0.01 ~0.02
0.10 ~0.25	0.02 ~0.05
0.25 以上	0.05

当工件加工孔无相互位置精度要求时，则可按钻套中心线对夹具安装基面的平行度或垂直度在 100 mm 内公差为 0.05 mm 来确定。

3. 钻模的主要技术要求

钻床夹具的主要技术要求，一般应包括以下几方面：

(1) 定位面对夹具安装基面的平行度或垂直度；

(2) 钻套中心线对定位面或对夹具安装基面的平行度或垂直度；

(3) 同轴线钻套的同轴度；

(4) 定位面的直线度、平面度或位置度；

(5) 定位面和钻套中心线对夹具找正基面的平行度或垂直度；

(6) 各钻套间、钻套与定位面间的尺寸要求及相互位置要求。

4.4.3.2 镗模

镗模是箱体类工件孔系加工极为重要的夹具。它与钻模有许多共同之处，但也有特殊的要求。

1. 镗套

镗套内径的基本尺寸，即镗杆的基本尺寸，其公差按基孔制制订。关于镗杆与固定镗套、镗套与衬套、衬套与镗模支架的常用配合种类和公差等级，列入表 4-13 中，供参考。

表 4-13 镗套的公差与配合

加工方法	配合表面		
	镗杆与镗套	镗套与衬套	衬套与支架
粗镗	$\frac{H7}{g6}$、$\frac{H7}{h6}$	$\frac{H7}{g6}$、$\frac{H7}{h6}$	$\frac{H7}{s6}$、$\frac{H7}{n6}$
精镗	$\frac{H6}{g5}$、$\frac{H6}{h5}$	$\frac{H6}{g5}$、$\frac{H6}{h5}$	$\frac{H7}{r6}$、$\frac{H7}{n6}$

回转镗套与镗杆的配合多采用 H7/h6 或 H6/h5。当加工孔的位置精度要求较高时，建议镗杆与镗套的配合采用研配法，使其配合间隙小于 0.01 mm。

精加工时，镗套内孔的圆度公差，取被加工孔圆度公差的 1/6 ~ 1/5。

镗套内外圆的同轴度，一般应小于 0.005 ~ 0.011 mm。

2. 镗杆

镗杆直径，一般可按经验公式选取，即

$$d = (0.7 \sim 0.8)D\ (\text{mm})$$

式中 d——镗杆直径；

D——工件被加工孔直径。

或根据被镗孔直径，按表 4-14 所列数据选取镗杆直径。

表 4-14 镗杆直径和工件孔径的关系 （单位：mm）

工件孔径	40 ~ 50	51 ~ 70	71 ~ 85	86 ~ 100	101 ~ 140	141 ~ 200
镗杆直径 d	32	40	50	60	80	100

镗杆直径太小，刚度不好，太大使用不方便。故其直径一般应大于25 mm，在特殊情况下，也不得小于15 mm。直径大于80 mm时，应制成空心的，以减轻重量。

同根镗杆上的直径，应尽量一致，以便于制造和易于保证加工精度。

镗杆的主要技术要求，应包括以下几方面：

(1)导向部分的圆度和圆柱度的公差，为其直径公差的1/2；

(2)镗杆两端导向部分的同轴度在500 mm内公差为0.001 mm；

(3)装镗刀块的刀孔对镗杆轴线的位置公差为0～0.05 mm，对镗杆的垂直度在100 mm内公差为0.01～0.02 mm；

(4)镗杆的传动销孔轴线对镗杆轴线的垂直度和位置度均应小于0.01 mm；

(5)当用低碳合金钢或低碳钢做镗杆时，渗碳层深度为0.8～1.2 mm，淬火硬度为HRC61～63，装刀孔表面不淬火；

(6)导向部分的表面粗糙度 R_a 一般为0.8～0.4 μm，刀孔的表面粗糙度 R_a 一般为1.6 μm。

3. 镗模的主要技术要求

镗模是精加工用夹具，因此各方面要求均较高；如镗模支架上导向孔，它主要用来保证加工孔或孔系的位置精度，所以导向孔的中心线必须与定位面保持正确的相互位置要求。如对定位面的坐标尺寸公差、平行度、垂直度，对镗模找正基面的相互位置要求，孔系各孔中心线间的平行度和垂直度，同轴线孔的同轴度等。

对于镗模技术要求的公差数值，一般按经验在工件相应公差的1/5～1/3范围内选取，如果工件图上没有标注有关要求的公差，可按下述常用经验数据标注。镗模的主要技术要求，一般应包括以下几方面：

(1)定位面对夹具安装基面的平行度或垂直度(一般取为0.01 mm)；

(2)镗套中心线对定位面的平行度或垂直度(一般取为0.01～0.02 mm)；

(3)镗套轴线对找正基面的平行度或垂直度(一般取为0.01～0.02 mm)；

(4)同轴线镗套的同轴度(精镗时取为0.005～0.01 mm，粗镗时取为0.01～0.02 mm)；

(5)各镗套间的平行度或垂直度(一般取为0.01～0.02 mm)；

(6)定位面的直线度和平面度或位置度要求(一般取为0.01 mm)等。

§4.5 夹具零件的公差和技术要求

4.5.1 夹具标准零件及部件的技术要求

夹具常用的零件及部件都已标准化，从标准中可查出夹具零件及部件的结构尺寸、精度等级、表面粗糙度、材料及热处理条件等。它们的技术要求可参阅《机床夹具零件及部件技术条件》(GB 2259)。

机床夹具零件及部件技术要求如下。

4.5.1.1 一般技术要求

(1)制造零件及部件采用的材料应符合相应的国标规定。允许采用力学性能不低于原规定牌号的其他材料制造。

(2)铸件不允许有裂纹、气孔、砂眼、缩松、夹渣、浇冒口、飞翅、毛刺等缺陷,并将结疤、粘砂清除干净。

(3)锻件不许有裂纹、皱折、飞边、毛刺等缺陷。

(4)机械加工前,对铸件或锻件应经时效处理或退火、正火处理。

(5)零件加工表面不应有锈蚀或机械损伤。

(6)热处理后的零件应清除氧化皮、脏物和油污、不允许有裂纹或龟裂等缺陷。

(7)零件上的内外螺纹均不得渗碳。

(8)加工面未注公差的尺寸,其尺寸公差按国标规定选取。

(9)未注形位公差的加工面应按国标规定选取。

(10)经磁力吸盘吸附过的零件应消磁。

(11)零件的中心孔应按 GB 145 的规定。

(12)零件焊缝不应有未填满的弧坑、气孔、夹渣、基体材料烧伤等缺陷,焊接后应退火或正火处理。

(13)采用冷拉四方钢材(按 GB 906)、六角钢材(按 GB 907)或圆钢材(按 GB 905)制造的零件,其外尺寸符合要求时,可不加工。

(14)铸件和锻件机械加工余量和尺寸偏差按各自相应标准的规定。

(15)一般情况下,零件的锐边应倒钝。

(16)零件滚花按 GB 6403.3 的规定。

(17)砂轮越程槽按 GB 6403.5 的规定。

(18)普通螺纹基本尺寸应符合 GB 196 的规定,其公差和配合按 GB 197 规定中的中等精度。

(19)非配合的锥度和角度的自由公差按 GB 11335 中 C 级的规定。

(20)图面上未注明的螺纹精度一般选 6H/6g 精度等级。未注明的粗糙度按 R_a 等于 3.2 μm。

(21)梯形螺纹牙型与基本尺寸应符合 GB 5796.3 的规定,其公差应符合 GB 5796.4 的规定。

(22)偏心轮工作面母线对配合孔的中心线的平行度,在 100 mm 长度上应不大于 0.1 mm。

(23)垫圈的外廓对内孔的同轴度应不大于表 4-15 的规定。

表 4-15 非配合锥度和角度的自由角度公差

公称直径	4~8	10~12	16~20	≥24
同轴度	0.4	0.5	0.6	0.7

4.5.1.2 装配质量

(1)装配时各零件均应清洗干净,不得残留有铁屑和其他各种杂物,移动和转动部位应加油润滑。

(2)固定连接部位,不得松动、脱落,活动连接部位中的各种运动部件应动作灵活、平稳、无阻涩现象。

4.5.1.3　**验收规则**

(1)产品应由制造厂按相应标准的要求进行检验。

(2)产品的验收可参照 GB 90 所规定的验收规则进行抽检。

4.5.2　夹具专用零件公差和技术要求

设计夹具专用零件及部件时,其公差和技术要求可依据夹具总装配图上标注的配合种类和精度等级以及技术要求,参照《机床夹具零件及部件技术条件》制订,一般包括以下内容:

(1)夹具零件毛坯的技术要求。如毛坯的质量、硬度、毛坯热处理以及精度要求等。

(2)夹具零件常用材料和热处理的技术要求。包括为改善机械加工性能和为达到要求的力学性能而提出的热处理要求,所定要求应与选用的材料和零件在夹具中的作用相适应。

夹具零件常用材料和热处理技术要求见表 4-16。

表 4-16　夹具主要零件常用材料和热处理技术要求

零件种类	零件名称	材料	热处理要求
壳体零件	夹具体及形状复杂的零件	HT200	时效
	焊接壳体	Q235	
	孔盘和车床夹具体	HT300	时效
定位元件	定位心轴	$D \leqslant 35$ mm,T8A $D > 35$ mm,45	淬火 55 ~ 60 HRC 淬火 42 ~ 48 HRC
夹紧零件	斜楔	20	渗碳、淬火、回火 54 ~ 60 HRC,渗碳深度 0.8 ~ 1.2 mm
	各种形状的压板	45	淬火、回火 40 ~ 45 HRC
	卡爪	20	渗碳、淬火、回火 54 ~ 60 HRC,渗碳深度 0.8 ~ 1.2 mm
	钳口	20	渗碳、淬火、回火 54 ~ 60 HRC,渗碳深度 0.8 ~ 1.2 mm
	虎钳丝杆	45	淬火、回火 35 ~ 40 HRC
	切向夹紧用螺栓和衬套	45	调质 225 ~ 255 HBS
	弹簧夹头心轴用螺母	45	淬火、回火 35 ~ 40 HRC
	以后夹头	65Mn	夹料部分淬火、回火 56 ~ 61 HRC,弹性部分淬火 43 ~ 48 HRC
其他零件	活动零件用导板	45	淬火、回火 35 ~ 40 HRC
	靠模、凸轮	20	渗碳、淬火、回火 54 ~ 60 HRC,渗碳深度 0.8 ~ 1.2 mm
	分度盘	20	渗碳、淬火、回火 58 ~ 64 HRC,渗碳深度 0.8 ~ 1.2 mm
	低速运转的轴承衬套和轴瓦	ZCuSnPb1	
	高速运转的轴承衬套和轴瓦	ZCuPb30	

(3)夹具零件的尺寸公差和技术要求如下：

①工件有公差要求的尺寸，夹具零件的相应尺寸公差应为1/5～1/2的工件公差。

②工件无公差要求的直线尺寸，夹具零件的相应尺寸公差，可取为±0.1 mm。

③工件无角度公差要求的角度尺寸，夹具零件的相应角度公差，可取为±10′。

④紧固件用孔中心距L的公差。当$L<150$ mm时，可取±0.1 mm；当$L>150$ mm时，取±0.15 mm。

⑤夹具体上的找正基面，是用来找正夹具在机床上位置的，同时也是夹具制造和检验的基准。因此，必须保证夹具体上安装其他零件（尤其是定位元件）的表面与找正基面的垂直度或平行度应小于0.01 mm。

⑥找正基面本身的直线度或平面度应小于0.005 mm。

⑦夹具体、模板、立柱、角铁、定位心轴等夹具元件的平面与平面之间、平面与孔之间、孔与孔之间的平行度、垂直度和同轴度等，应取工件相应公差的1/3～1/2。

(4)夹具零件的表面粗糙度。夹具定位元件工作表面的粗糙度数值应比工件定位基准表面的粗糙度数值降低1～3个数值段。

§4.6 夹具制造和使用说明

4.6.1 制造说明

对于要用特殊方法进行加工或装配才能达到图样要求的夹具，必须在夹具的总装图上注以制造说明。其内容有以下几方面：

(1)必须先进行装配或装配一部分以后再进行加工的表面。

(2)用特殊方法加工的表面。

(3)新型夹具的某些特殊结构。

(4)某些夹具手柄的特殊位置。

(5)制造时需要相互配作的零件。

(6)气、液压动力部件的试验技术要求。

4.6.2 使用说明

为了正确合理地使用与保养夹具，有些夹具图中尚需注以使用说明，其内容一般包括：

(1)多工位加工的加工顺序。

(2)夹紧力的大小、夹紧的顺序、夹紧的方法。

(3)使用过程中需加的平衡装置。

(4)装夹多种工件的说明。

(5)同时使用的通用夹具或转台。

(6)使用时的安全问题。

(7)使用时的调整说明。

(8)高精度夹具的保养方法。

第 5 章　机械制造技术课程设计题目选编

本章选用了一些难度适中的典型零件，包括轴、套、箱、壳、齿轮等各类零件的图样，供教师在指导课程设计时参考。

(1)轴类、套类零件图样如图 5-1 ~ 图 5-3。

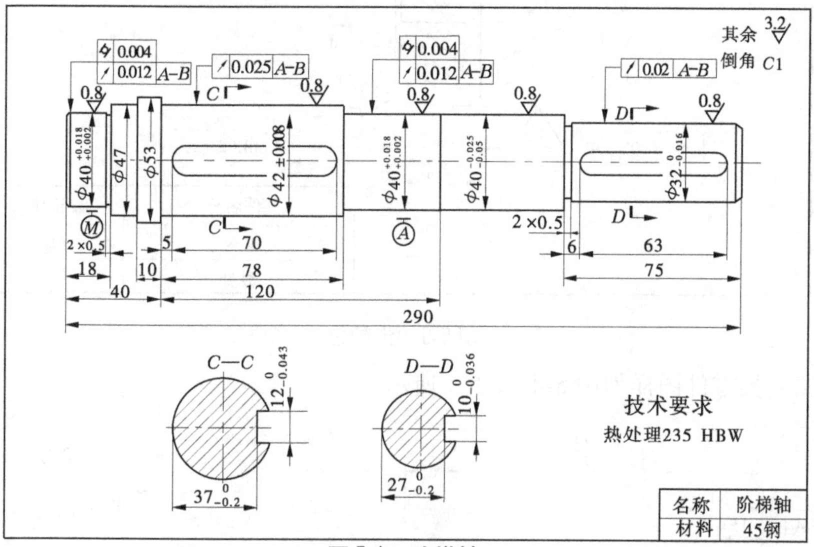

图 5-1　阶梯轴

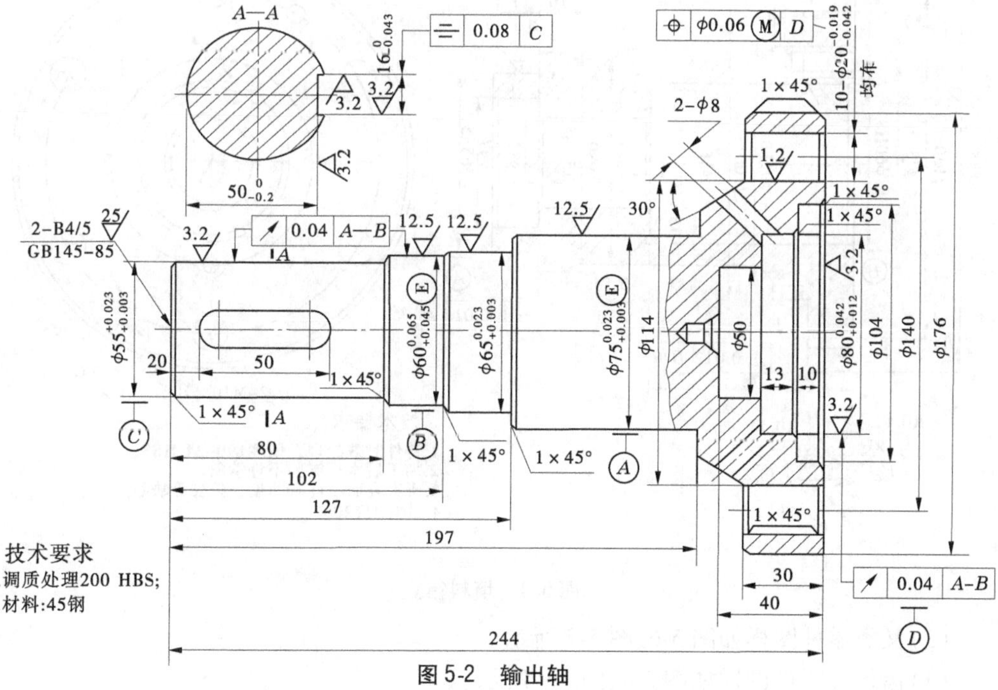

图 5-2　输出轴

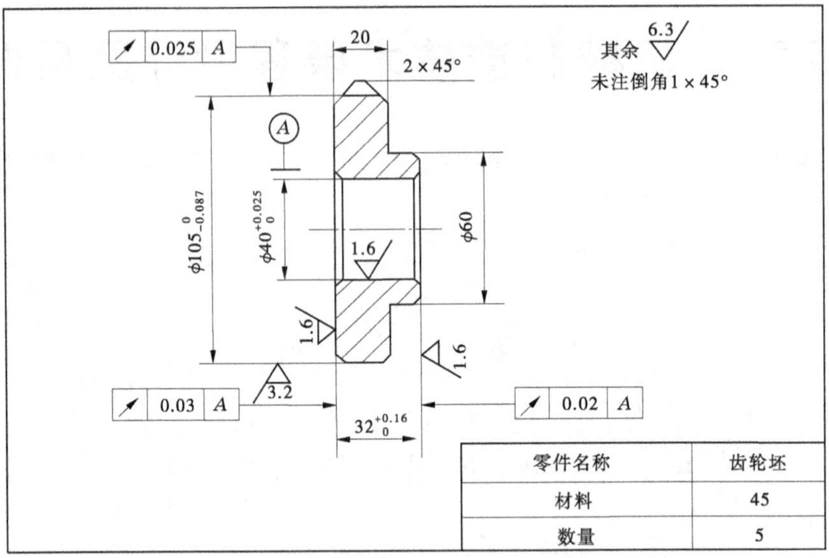

图 5-3　齿轮坯

(2)箱壳类零件图样如图 5-4、图 5-5 所示。

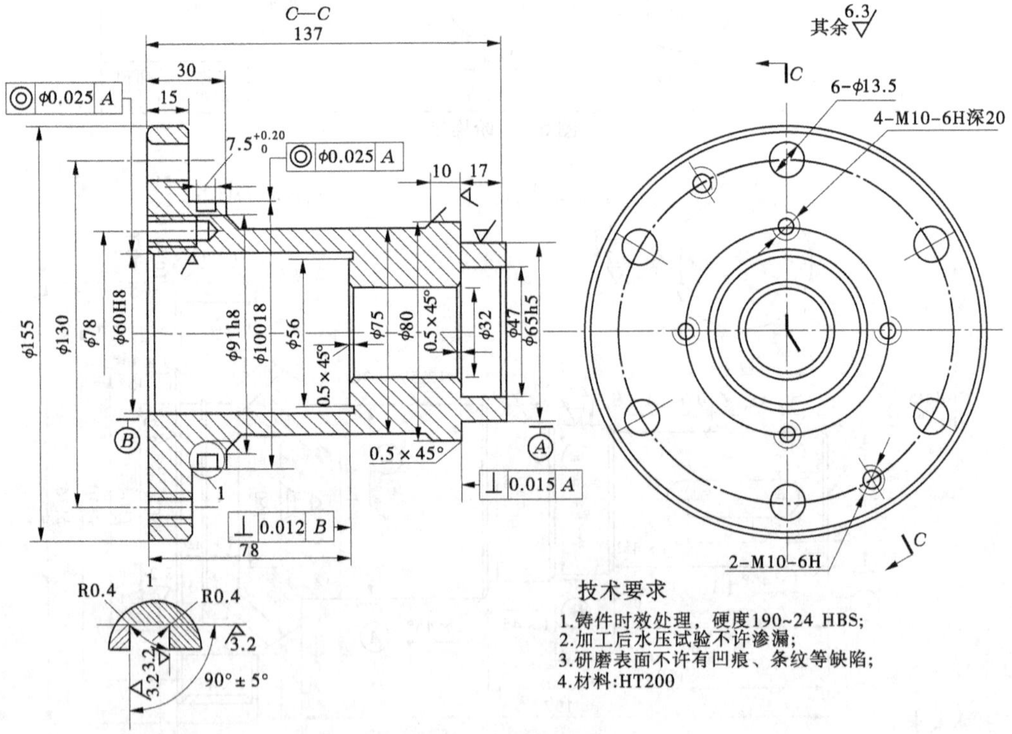

图 5-4　填料箱盖

(3)叉类零件图样如图 5-6、图 5-7 所示。

(4)齿轮类零件图样如图 5-8、图 5-9 所示。

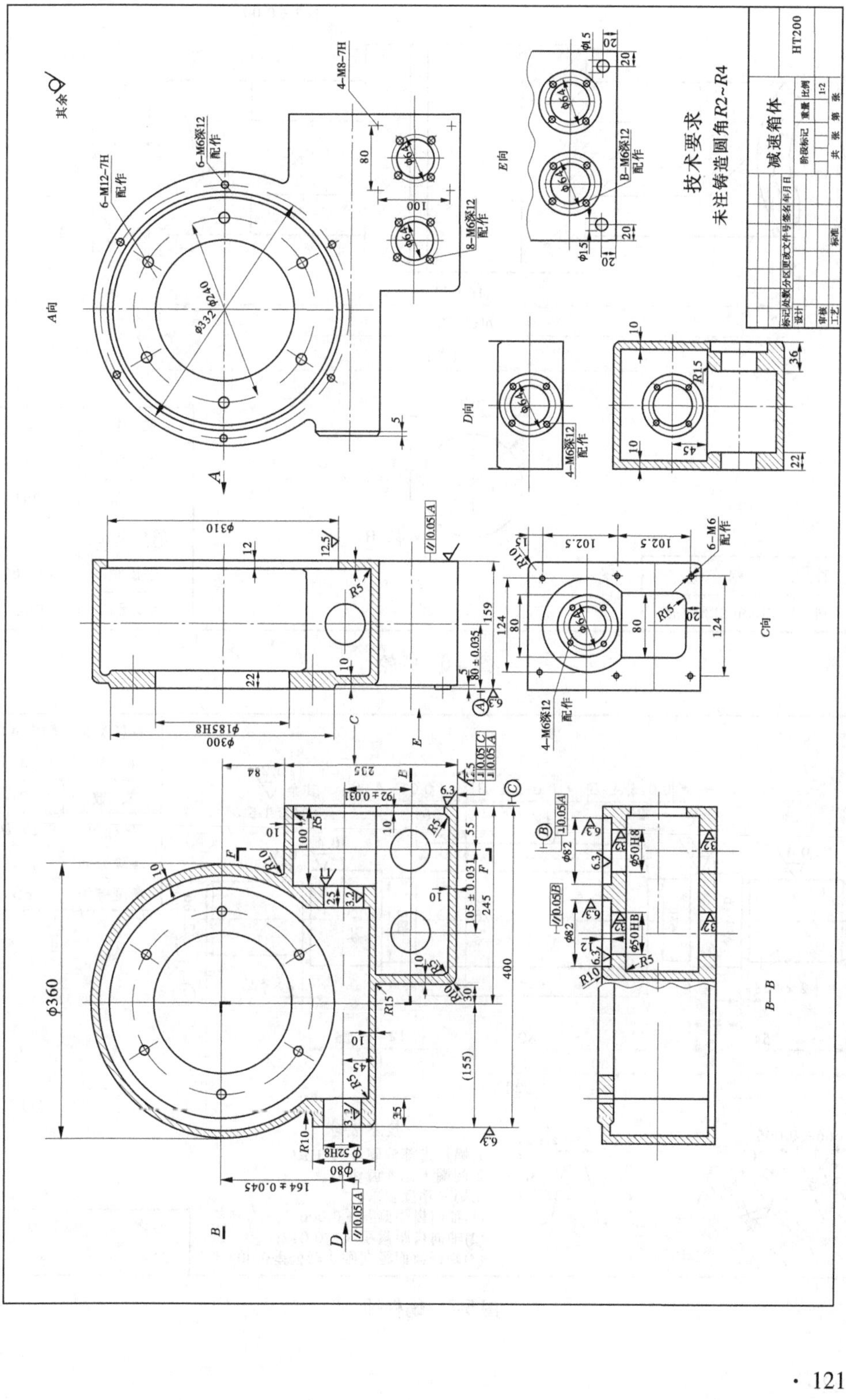
技术要求
未注铸造圆角R2~R4
减速箱体
HT200
A向
C向
D向
E向
B—B
其余
φ360
φ310
φ300
φ185H8
φ332
φ240
φ52H8
φ80
164±0.045
105±0.031
80±0.035
400
245
(155)
6-M12-7H 配作
6-M6深12 配作
4-M8-7H
8-M6深12 配作
4-M6深12 配作
6-M6 配作

图 5-5 减速箱体

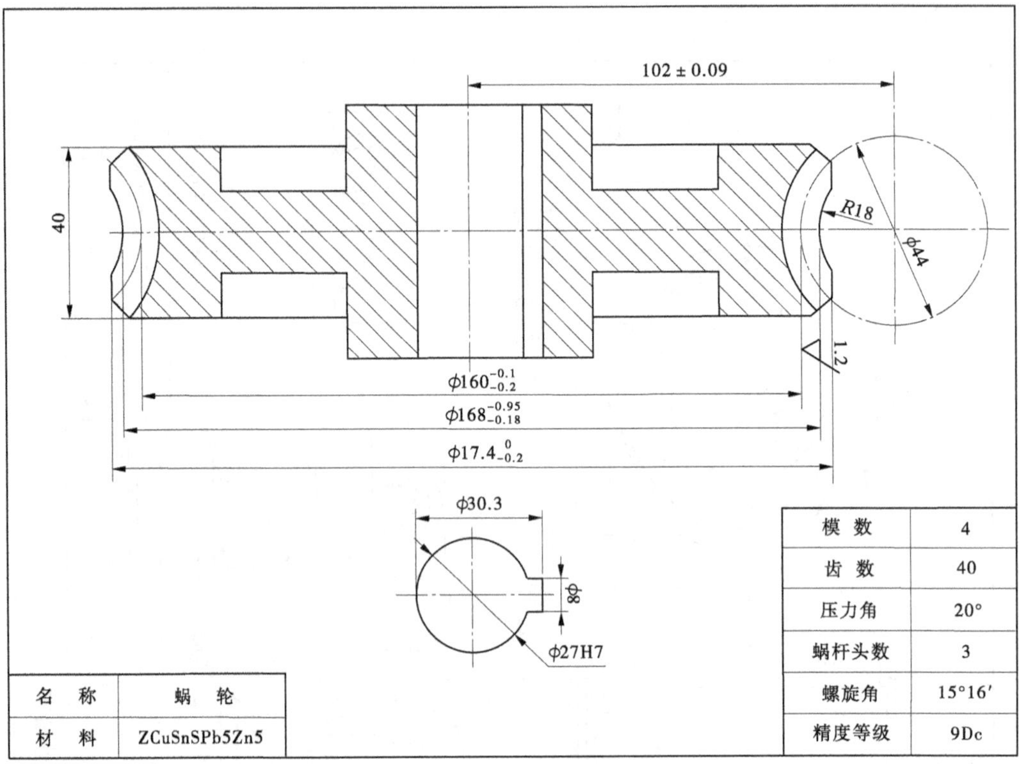

图 5-6 蜗轮

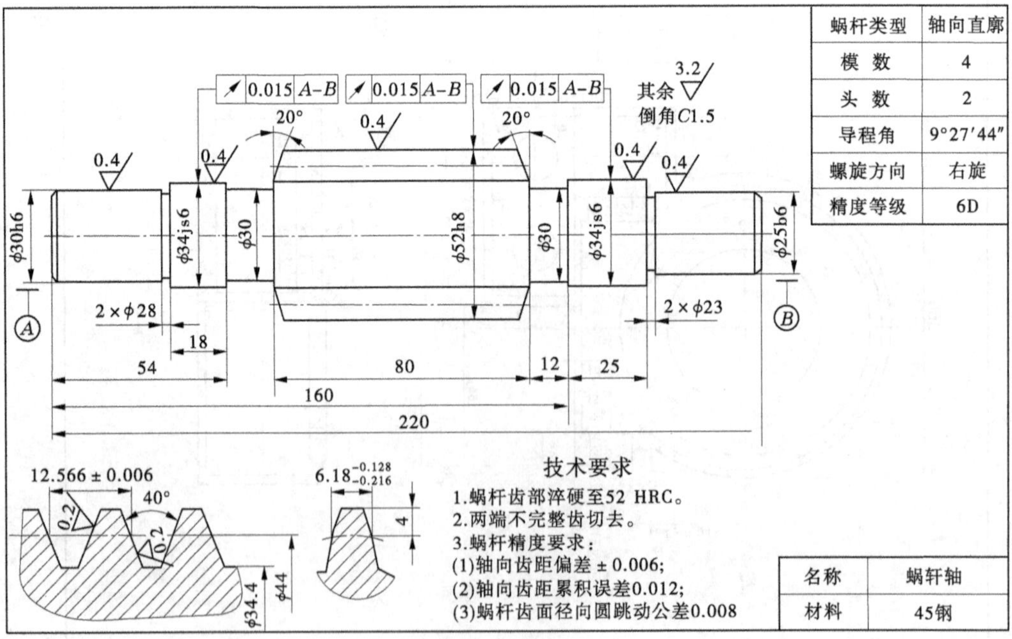

图 5-7 蜗杆轴

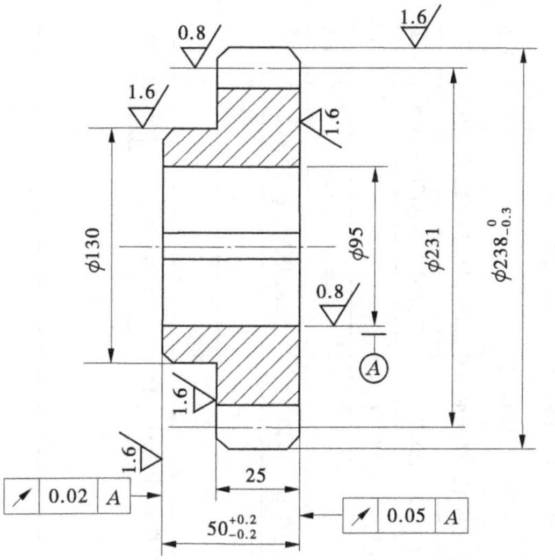

模数	m	4 mm
齿数	Z	50
齿形角	α	20°
变位系数	x	0
精度等级	766 km	
公法线长度变动公差	F_W	0.036 mm
径向综合公差	F_Z	0.08 mm
齿向公差	F_β	0.009 mm
公法线平均长度	$W=80.72_{-0.19}^{-0.14}$ mm	

技术要求

1.材料:45钢;

2.热处理:G52

图 5-8　直齿圆柱齿轮

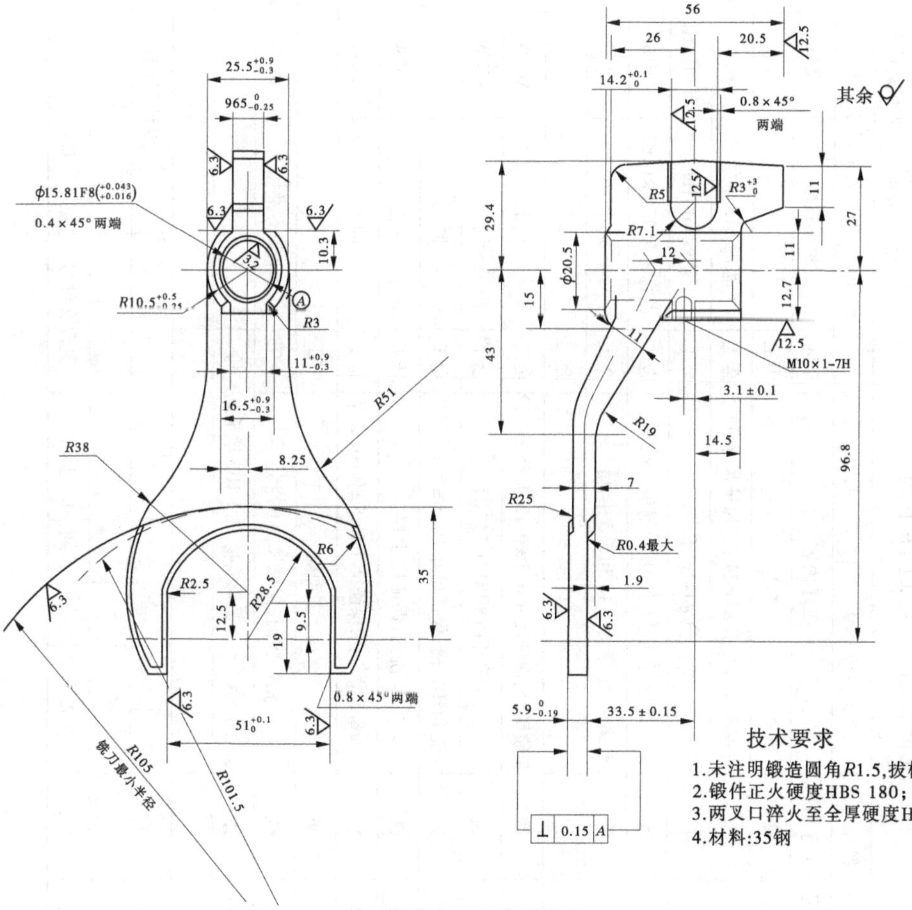

技术要求

1.未注明锻造圆角$R1.5$,拔模斜度7°;

2.锻件正火硬度HBS 180;

3.两叉口淬火至全厚硬度HRC 45;

4.材料:35钢

图 5-9　变速器换挡叉

附表 1

附表 1-1 机械加工工艺过程卡片

机械加工工艺过程卡片		产品型号	东风－12 型运输车	零件图号	12、37、108		
		产品名称	东风运输车	零件名称	Ⅰ倒挡拨叉	共 1 页	第 1 页

材料牌号	KTH350－10	毛坯种类	铸件	毛坯外形尺寸	110×70×50	每件毛坯数	1	每件台数	1	备注	

工序号	工序名称	工序内容	车间	量具规格	设备	工艺装备	刀具名称规格	单件工时
10	钳	整形	钳工					1.25
20	车	钻 $\phi13.5^{+0.12}_{0}$ 孔刮 $\phi24$ 面，保证尺寸 36.5	金工	塞规 $\phi13^{+0.12}_{0}$	C6136	拨叉 $\phi14$ 孔夹具 12.37.108/C1	复合钻 $\phi13.5\times\phi30$	2.25
30	拉	拉 $\phi14$H9 孔	金工	塞规 $\phi14$H9	自动拉床	拉夹具 12.37.108/DL1	圆孔拉刀 $\phi14$H9	1.25
40	车	平端面，保证尺寸 40.5，倒角 1×45°	金工	游标卡尺 150×0.02	C616	拨叉第二次平端面车夹具		1.5
50	车	平端面，保证尺寸 46 和 5.5，倒角 1×45°	金工	同上	C616	同上		1.5
60	钳	整形	金工			第二次整形夹具		2
70	铣	粗铣脚面，保证尺寸 6.7±0.12，4.65±0.12	金工	同上	X62W	粗铣端面夹具 12.37.108/X1	三面刃铣刀 $\phi120\times12$	1.5
80	铣	铣开挡 40B12（$^{+0.430}_{+0.180}$）	金工	同上	X62W	拨叉开挡夹具 12.37.108/X2	同上	1.5
90	铣	铣 14H13 槽，保证尺寸 16.5±0.16，12	金工	同上	X6232	铣槽 14DJ 夹具 12.37.108/X3	三面刃铣刀 $\phi125\times14$H13	2
100	铣	铣面，保证尺寸 14_{-1}^{0}	金工	同上	X62W	铣夹具 12.37.108/X5	三面刃铣刀 $\phi120\times13.5$	1.25
110	钻	钻 $\phi8.7^{+0.10}_{0}$ 孔，保证尺寸 16.5±0.06，32_{-1}^{0}	金工	同上	Z5140	钻 $\phi8.7$ 孔钻模 12.37.108/Z1	钻头 $\phi8.7$	1.65
120	钳	去毛刺	金工				手铰刀 $\phi14$H9	0.5
130	铣	精铣脚面，保证尺寸 $6_{-0.24}^{-0.12}$	金工	卡板 $6_{-0.24}^{-0.12}$	X62W	精铣脚面夹具 12.37.108/X 4	三面刃铣刀 $\phi120\times12$	2.5
140	钳	倒角 0.5×45°，去叉脚毛刺，去 14H13 槽毛刺	检					

										设计（日期）	校对（日期）	审核（日期）	标准化（日期）	会签（日期）
标记	处数	更改文件号	签字	日期	标记	处数	更改文件号	签字	日期					

附表 1-2　机械加工工序卡

整　形	工序号	××学院	第 1 页
	10		共 14 页

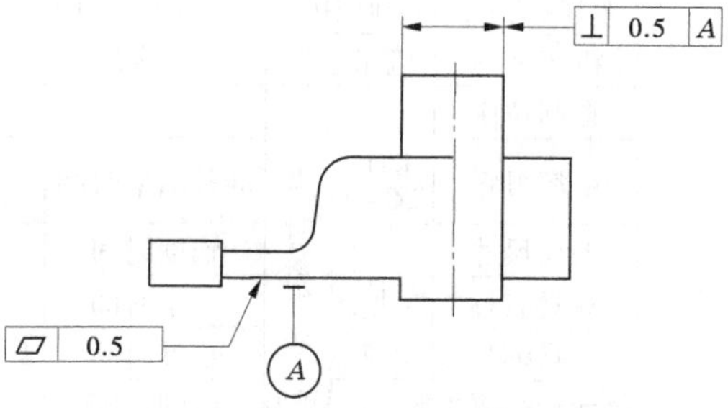

产品名称	零件名称	零件图号		
东风运输车	Ⅰ倒挡拨叉	12.37.108		
机床名称	机床型号	冷却液		
毛坯材料	KTH 350－1	工时定额(min)	准备结束时间	
毛坯材料			辅助时间	
夹具名称			基本时间	
夹具编号			单件时间	1.25
每台产品零件数	1		时间定额	
上工序	铸		下工序	刮

工步	工步内容	转数 (r/min)	切削速度 (m/min)	进给量 (mm/r)	刀具		辅助工具		量具	
					名称	编号	名称	编号	名称	编号
1	敲平筋臂 0.5									
2	校整 $\phi24$ 外圆中心线与筋板垂直,垂直度 0.5									

编制__________校对__________审核__________

附表 1-3　机械加工工序卡

钻　刮	工序号	××学院	第 2 页
	20		共 14 页

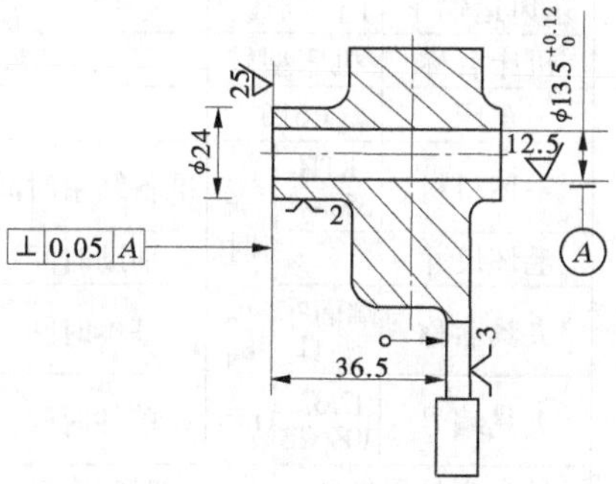

产品名称	零件名称	零件图号		
东风运输车	Ⅰ倒挡拨叉	12.37.108		
机床名称	机床型号	冷却液		
车床	C6136			
毛坯材料	KTH 350－1	工时定额(min)	准备结束时间	
毛坯尺寸			辅助时间	
夹具名称			基本时间	
夹具编号	12.37.108 /C1		单件时间	2.25
每台产品零件数	1		时间定额	
上工序	整形		下工序	拉孔

工步	工步内容	转数 (r/min)	切削速度 (m/min)	进给量 (mm/r)	刀具		辅助工具		量具	
					名称	编号	名称	编号	名称	编号
1	钻 $\phi13.5^{+0.12}_{0}$ 孔,刮 $\phi24$ 面,保持尺寸 36.5	720	30.5	0.4	钻刮复合钻	/DC1			塞规	/R3

编制__________校对__________审核__________

附表 1-4　机械加工工序卡

拉　孔	工序号	××学院	第 3 页
	30		共 14 页

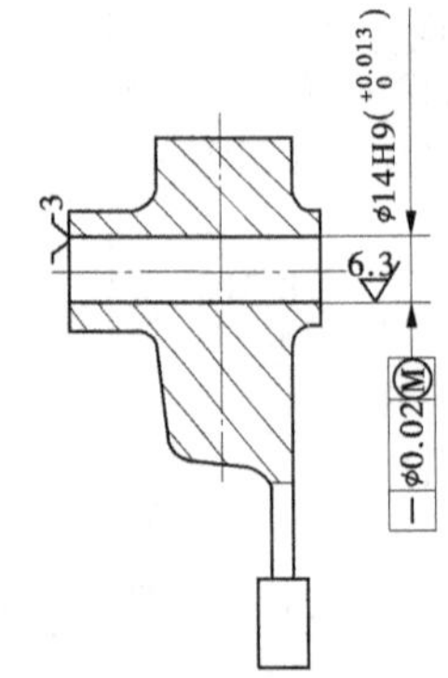

产品名称	零件名称	零件图号	
东风运输车	Ⅰ倒挡拨叉	12.37.108	
机床名称	机床型号	冷却液	
自制拉床			
毛坯材料	KTH 350－1	工时定额(min) 准备结束时间	
毛坯尺寸		辅助时间	
夹具名称	拉夹具	基本时间	
夹具编号	/L1	单件时间	1.25
每台产品零件数	1	时间定额	
上工序	钻刮	下工序	车

工步	工步内容	转数(r/min)	切削速度(m/min)	进给量(mm/r)	刀具 名称	刀具 编号	辅助工具 名称	辅助工具 编号	量具 名称	量具 编号
1	拉 φ14H9 孔				钻刮复合钻	/DC1			塞规	/R3

编制＿＿＿＿＿＿校对＿＿＿＿＿＿审核＿＿＿＿＿＿

附表 1-5　机械加工工序卡

车	工序号	××学院	第 4 页
	40		共 14 页

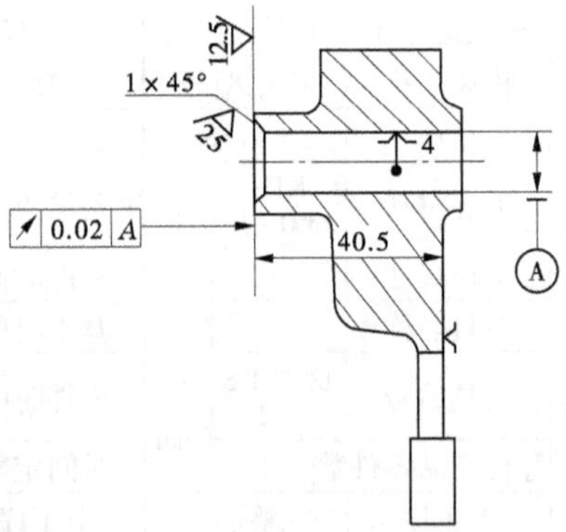

产品名称	零件名称	零件图号	
东风运输车	Ⅰ倒挡拨叉	12.37.108	
机床名称	机床型号	冷却液	
车床	C616		
毛坯材料	KTH 350－1	工时定额(min) 准备结束时间	
毛坯尺寸		辅助时间	
夹具名称	端面车夹具	基本时间	
夹具编号	12.37.108/C2	单件时间	1.5
每台产品零件数	1	时间定额	
上工序	拉孔	下工序	车

工步	工步内容	转数(r/min)	切削速度(m/min)	进给量(mm/r)	刀具 名称	刀具 编号	辅助工具 名称	辅助工具 编号	量具 名称	量具 编号
1	平端面,保证尺寸 40.5	750	56.5	0.4					游标卡尺 150×0.02	
2	倒角 1×45°									

编制＿＿＿＿＿＿校对＿＿＿＿＿＿审核＿＿＿＿＿＿

附表 1-6　机械加工工序卡

车	工序号 50	××学院	第 5 页 共 14 页

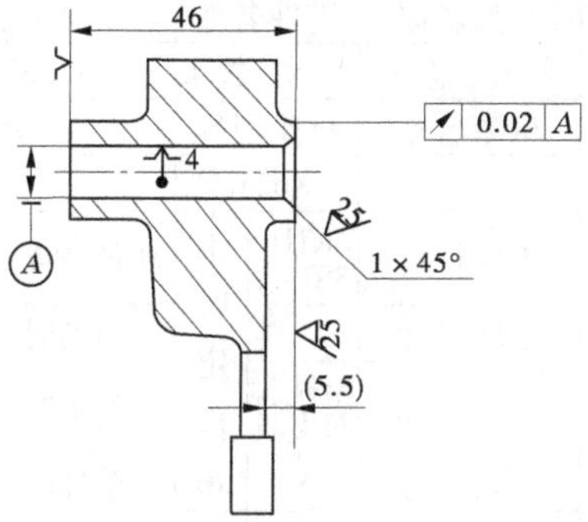

产品名称	零件名称		零件图号	
东风运输车	Ⅰ倒挡拨叉		12.37.108	
机床名称	机床型号		冷却液	
车床	C616			
毛坯材料	KTH 350－10	工时定额(min)	准备结束时间	
毛坯尺寸			辅助时间	
夹具名称	整形夹具		基本时间	
夹具编号	/Q2		单件时间	
每台产品零件数		1	时间定额	
上工序			下工序	

工步	工步内容	转数(r/min)	切削速度(m/min)	进给量(mm/r)	刀具 名称	刀具 编号	辅助工具 名称	辅助工具 编号	量具 名称	量具 编号
1	平端面,保证尺寸 55 和 46	75	56.5	0.4					游标卡尺	
2	倒角 1×45°									

编制＿＿＿＿＿＿校对＿＿＿＿＿＿审核＿＿＿＿＿＿

附表 1-7　机械加工工序卡

整　形	工序号 60	××学院	第 6 页 共 14 页

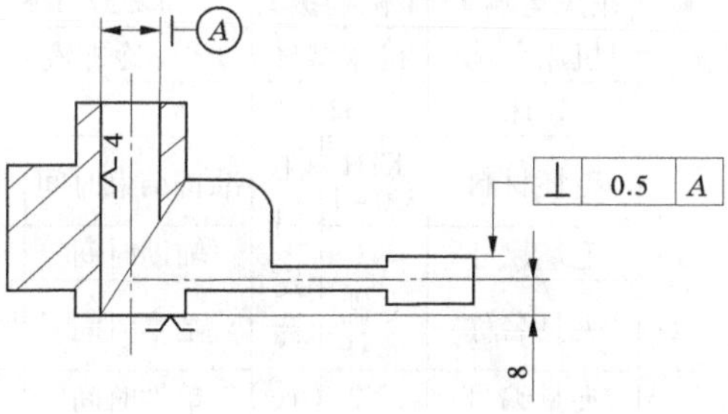

产品名称	零件名称		零件图号	
东风运输车	Ⅰ倒挡拨叉		12.37.108	
机床名称	机床型号		冷却液	
毛坯材料	KTH 350－1	工时定额(min)	准备结束时间	
毛坯尺寸			辅助时间	
夹具名称	整形夹具		基本时间	
夹具编号	/Q2		单件时间	2
每台产品零件数		1	时间定额	
上工序			下工序	

工步	工步内容	转数(r/min)	切削速度(m/min)	进给量(mm/r)	刀具 名称	刀具 编号	辅助工具 名称	辅助工具 编号	量具 名称	量具 编号
1	整形									

编制＿＿＿＿＿＿校对＿＿＿＿＿＿审核＿＿＿＿＿＿

附表 1-8　机械加工工序卡

粗铣脚面	工序号	××学院	第 7 页
	70		共 14 页

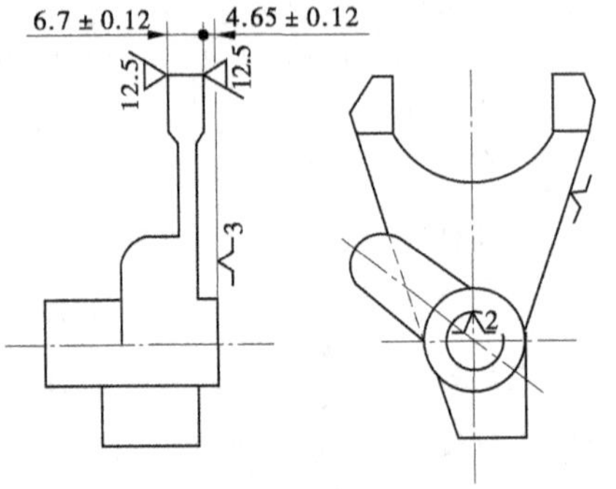

产品名称	零件名称	零件图号	
东风运输车	Ⅰ倒挡拨叉	12.37.108	
机床名称	机床型号	冷却液	
车床	X62W		
毛坯材料	KTH 350－1	工时定额(min) 准备结束时间	
毛坯尺寸		辅助时间	
夹具名称	粗铣脚面夹具	基本时间	
夹具编号	/X1	单件时间	1.5
每台产品零件数	1	时间定额	
上工序	整形	下工序	铣开挡

工步	工步内容	转数(r/min)	切削速度(m/min)	进给量(mm/r)	刀具 名称	刀具 编号	辅助工具 名称	辅助工具 编号	量具 名称	量具 编号
1	粗铣脚面，保证尺寸 6.7 ±0.12，4.65 ±0.12	150	56.5	3.2	铣刀	/DX1			游标卡尺	

编制＿＿＿＿＿＿校对＿＿＿＿＿＿审核＿＿＿＿＿＿

附表 1-9　机械加工工序卡

铣开挡	工序号	××学院	第 8 页
	80		共 14 页

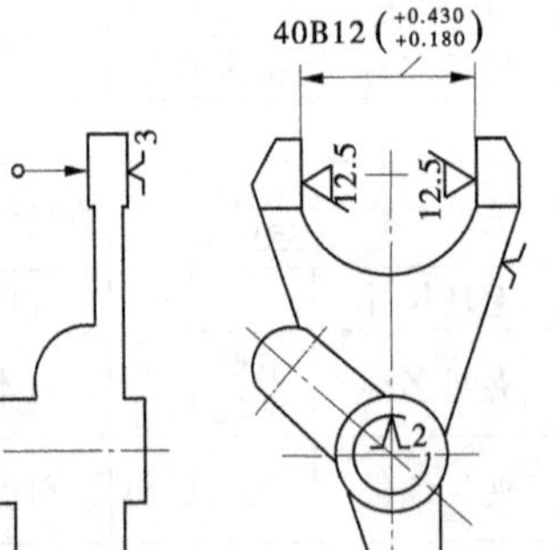

产品名称	零件名称	零件图号	
东风运输车	Ⅰ倒挡拨叉	12.37.108	
机床名称	机床型号	冷却液	
铣床	X62W		
毛坯材料	KTH 350－1	工时定额(min) 准备结束时间	
毛坯尺寸		辅助时间	
夹具名称	专铣夹具	基本时间	
夹具编号	/X2	单件时间	
每台产品零件数		时间定额	
上工序	粗铣脚面	下工序	铣槽

工步	工步内容	转数(r/min)	切削速度(m/min)	进给量(mm/r)	刀具 名称	刀具 编号	辅助工具 名称	辅助工具 编号	量具 名称	量具 编号
1	铣开挡 40B12	190	71.6	2.4	铣刀	/DX1			卡尺	

编制＿＿＿＿＿＿校对＿＿＿＿＿＿审核＿＿＿＿＿＿

附表 1-10　机械加工工序卡

铣　槽	工序号 90	××学院	第 9 页 / 共 14 页

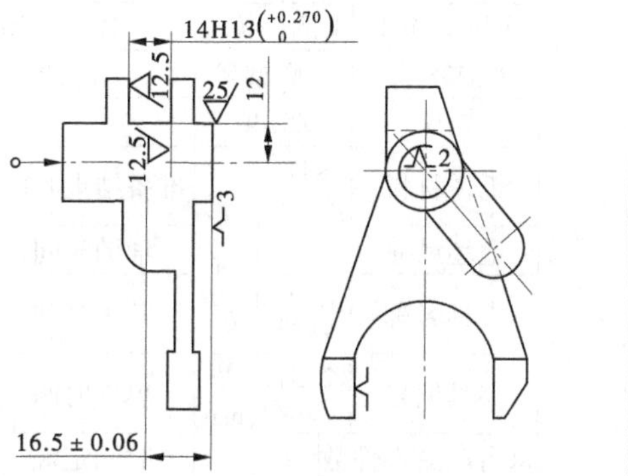

产品名称	零件名称		零件图号	
东风运输车	I 倒挡拨叉		12.37.108	
机床名称	机床型号		冷却液	
铣床	X6232			
毛坯材料	KTH 350 - 1	工时定额(min)	准备结束时间	
毛坯尺寸			辅助时间	
夹具名称	铣槽 14 D7 夹具		基本时间	
夹具编号	12.37.108/X3		单件时间	2
每台产品零件数	1		时间定额	
上工序	铣开挡	下工序	铣面	

工步	工步内容	转数 (r/min)	切削速度 (m/min)	进给量 (mm/r)	刀具 名称	刀具 编号	辅助工具 名称	辅助工具 编号	量具 名称	量具 编号
1	铣 14H13 槽,保证尺寸 16.5 ±0.06,12	190	74.5	2.4	三面铣刀	/DX3				

编制______________校对____________审核______________

附表 1-11　机械加工工序卡

铣　面	工序号 100	××学院	第 10 页 / 共 14 页

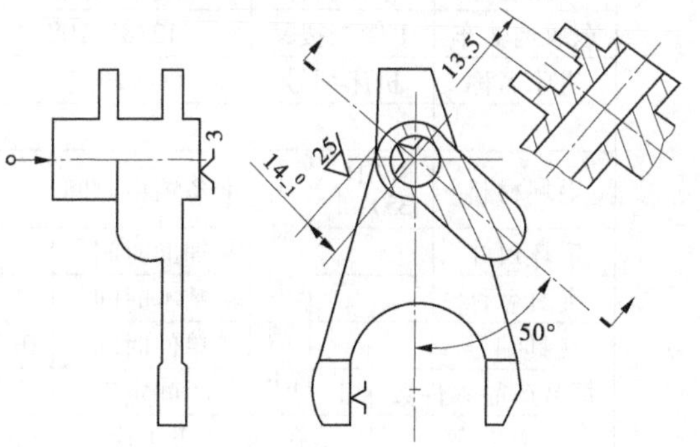

产品名称	零件名称		零件图号	
东风运输车	I 倒挡拨叉		12.37.108	
机床名称	机床型号		冷却液	
铣床	X62W			
毛坯材料	KTH 350 - 1	工时定额(min)	准备结束时间	
毛坯尺寸			辅助时间	
夹具名称	铣夹具		基本时间	
夹具编号	/X5		单件时间	2
每台产品零件	1		时间定额	
上工序	铣槽	下工序	钻孔	

工步	工步内容	转数 (r/min)	切削速度 (m/min)	进给量 (mm/r)	刀具 名称	刀具 编号	辅助工具 名称	辅助工具 编号	量具 名称	量具 编号
1	铣面,保证尺寸 14_{-1}^{0}	190	74.5	2.4	铣刀	/DX3				

编制______________校对____________审核______________

附表 1-12　机械加工工序卡

钻　孔	工序号 110	××学院	第 11 页 共 14 页

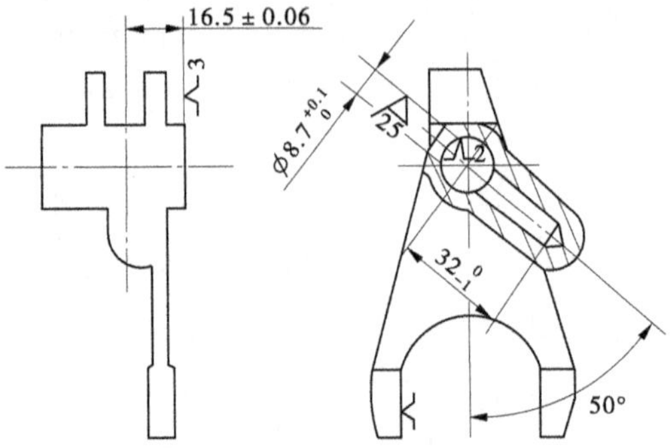

产品名称	零件名称	零件图号	
东风运输车	I 倒挡拨叉	12.37.108	
机床名称	机床型号	冷却液	
钻床	Z5140		
毛坯材料	KTH 350－1	工时定额(min) 准备结束时间	
毛坯尺寸		辅助时间	
夹具名称	钻 φ8.7 钻模	基本时间	
夹具编号	12.37.108/Z1	单件时间	1.65
每台产品零件数	1	时间定额	
上工序	铣面	下工序	去毛刺

工步	工步内容	转数 (r/min)	切削速度 (m/min)	进给量 (mm/r)	刀具		辅助工具		量具	
					名称	编号	名称	编号	名称	编号
1	钻 φ8.7 孔,保证尺寸 16.5 ±0.06	1 000	27.33	6.3	钻头 φ8.7				塞规 卡尺	/R4

编制____________校对____________审核____________

附表 1-13　机械加工工序卡

去毛刺	工序号 120	××学院	第 12 页 共 14 页

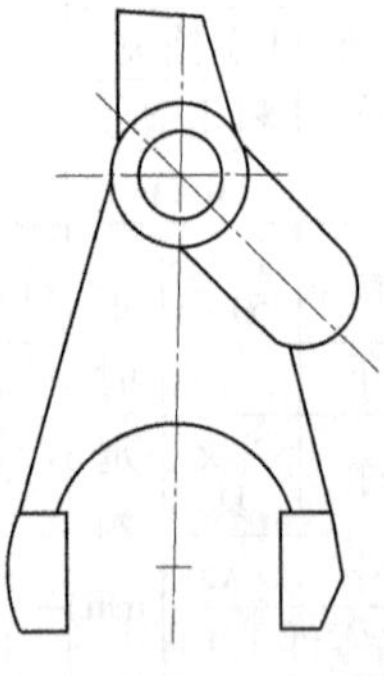

产品名称	零件名称	零件图号	
东风运输车	I 倒挡拨叉	12.37.108	
机床名称	机床型号	冷却液	
毛坯材料	KTH 350－1	工时定额(min) 准备结束时间	
毛坯尺寸		辅助时间	
夹具名称		基本时间	
夹具编号		单件时间	0.5
每台产品零件数	1	时间定额	
上工序	钻孔	下工序	精铣

工步	工步内容	转数 (r/min)	切削速度 (m/min)	进给量 (mm/r)	刀具		辅助工具		量具	
					名称	编号	名称	编号	名称	编号
1	去毛刺				手用铰刀 φ14 H9					

编制____________校对____________审核____________

附表 1-14 机械加工工序卡

精铣脚面	工序号 130	××学院	第 13 页 共 14 页

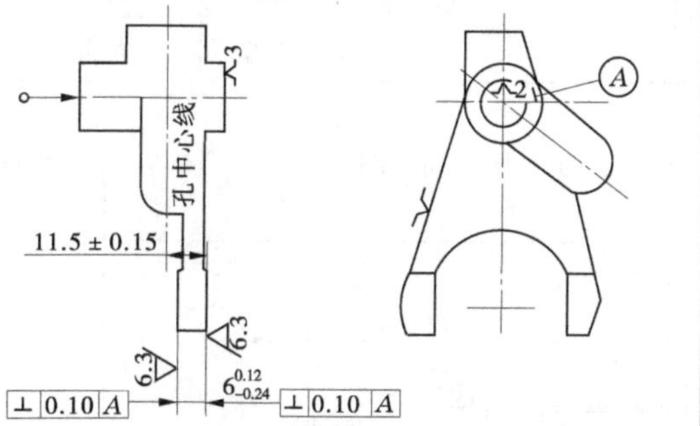

产品名称	零件名称	零件图号	
东风运输车	Ⅰ倒挡拨叉	12.37.108	
机床名称	机床型号	冷却液	
铣床	X62W		
毛坯材料	KTH 350－1	工时定额(min) 准备结束时间	
毛坯尺寸		辅助时间	
夹具名称	铣脚面夹具	基本时间	
夹具编号	/X4	单件时间	2.5
每台产品零件数	1	时间定额	
上工序	去毛刺	下工序	钳

工步	工步内容	转数 (r/min)	切削速度 (m/min)	进给量 (mm/r)	刀具 名称	刀具 编号	辅助工具 名称	辅助工具 编号	量具 名称	量具 编号
1	精铣脚面,保证尺寸 $6^{-0.12}_{-0.24}$,11.5 ±0.15	300	113	0.5	三面铣刀	/DX1			卡板 $6^{-0.12}_{-0.24}$	/R1

编制＿＿＿＿＿＿校对＿＿＿＿＿＿审核＿＿＿＿＿＿

附表 1-15 机械加工工序卡

钳	工序号 140	××学院	第 14 页 共 14 页

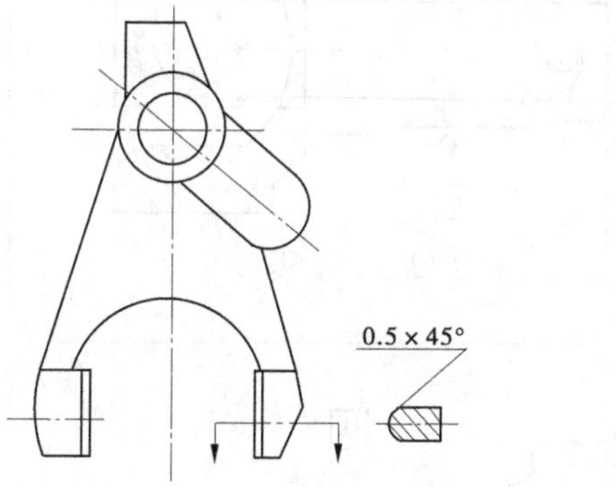

产品名称	零件名称	零件图号	
东风运输车	Ⅰ倒挡拨叉	12.37.108	
机床名称	机床型号	冷却液	
毛坯材料	KTH 350－1	工时定额(min) 准备结束时间	
毛坯尺寸		辅助时间	
夹具名称		基本时间	
夹具编号		单件时间	1.25
每台产品零件数	1	时间定额	
上工序	粗铣脚面	下工序	入库

工步	工步内容	转数 (r/min)	切削速度 (m/min)	进给量 (mm/r)	刀具 名称	刀具 编号	辅助工具 名称	辅助工具 编号	量具 名称	量具 编号
1	倒角 1×45°									
2	去叉脚面毛刺									
3	去 14H13 槽毛刺									

编制＿＿＿＿＿＿校对＿＿＿＿＿＿审核＿＿＿＿＿＿

附表 2

××学院	零件号	
机械加工工艺过程综合卡片	零件名称	万向节滑动叉
	生产类型	大批生产

工序	安装工位	工步	工作说明	工 序 简 图	机床
1	1		粗车端面 $\phi30$ mm 保证尺寸 185 mm	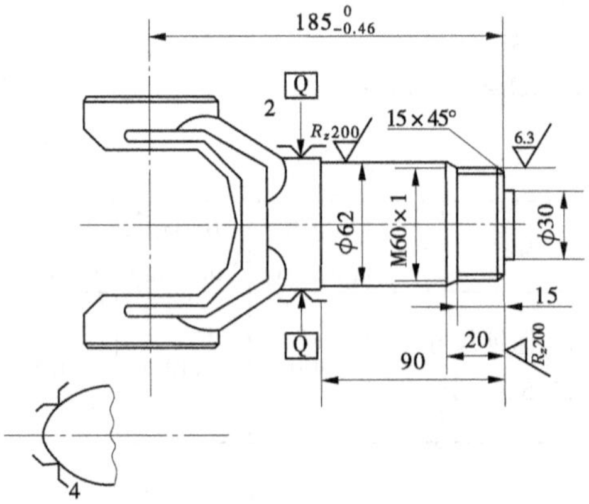	卧式车床 C620－1
		1	粗车 $\phi62$ mm 外圆		
		2	车 $\phi60$ mm 外圆		
		3	车 M60×1 mm 螺纹		
		4	粗车螺纹		
		5	精车螺纹		
2	1		钻、扩花键底孔 $\phi43$ mm 及锪沉头孔 $\phi55$ mm	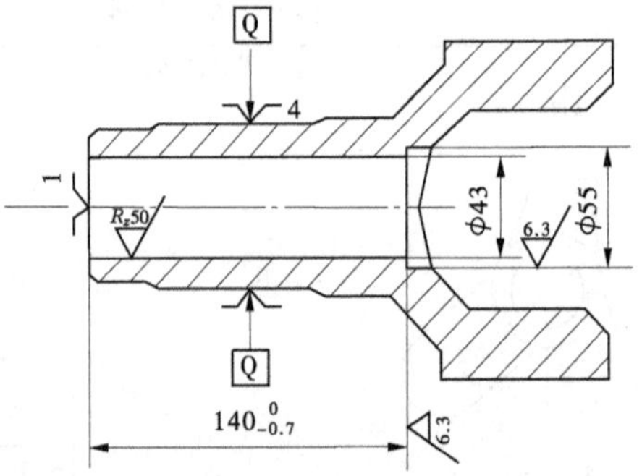	转塔车床 C365L
		1	钻孔 $\phi25$ mm		
		2	钻孔 $\phi41$ mm		
		3	扩花键底孔 $\phi43$ mm		
		4	锪圆柱式沉头孔 $\phi55$ mm		
3	1	1	$\phi43$ mm 内孔倒角 5×30°	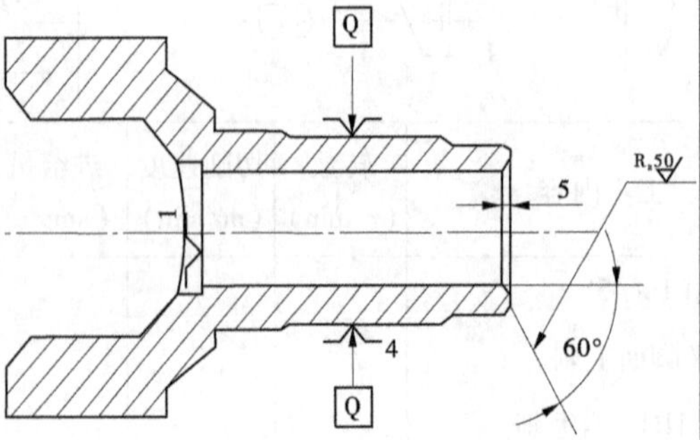	C620－1

材料	45 钢	编制		（日期）
毛坯重量	6 kg	指导		
毛坯种类	模锻件	审核		

夹具或辅助工具	刀具	量具	走刀次数	走刀长度（mm）	切削深度（mm）	进给量（mm/r）	主轴转速（r/min）	切削速度（m/min）	工时定额（min）		
									基本时间	辅助时间	服务时间
专用夹具	YT15 外圆车刀，W18Cr4V 螺纹车刀	卡板螺纹量规	2	17.5	3	0.5	600	122	0.096		
			1	94	1.5	0.5	600	122	0.31		
			2	24	1	0.5	770	145	0.06		
			4	18	0.17	1	96	18	0.75		
			2	18	0.08	1	184	34	0.196		
专用夹具	麻花钻 ϕ25 mm、ϕ41 mm，扩孔钻 ϕ43 mm，锪钻 ϕ55 mm	卡尺	1	164	12.5	0.41	136	10.68	3		
			1	159	8	0.76	58	7.47	3.92		
			1	154.5	1	1.24	58	7.7	2.14		
			1	10	6	0.21	44	7.6	1.08		
专用夹具	成形车刀										

续附表 2-1

××学院	零件号	
机械加工工艺过程综合卡片	零件名称	万向节滑动叉
	生产类型	大批生产

工序	安装工位	工步	工步说明	工序简图	机床
4	1	1	钻锥螺纹 Rc1/8 底孔(ϕ8.8 mm)	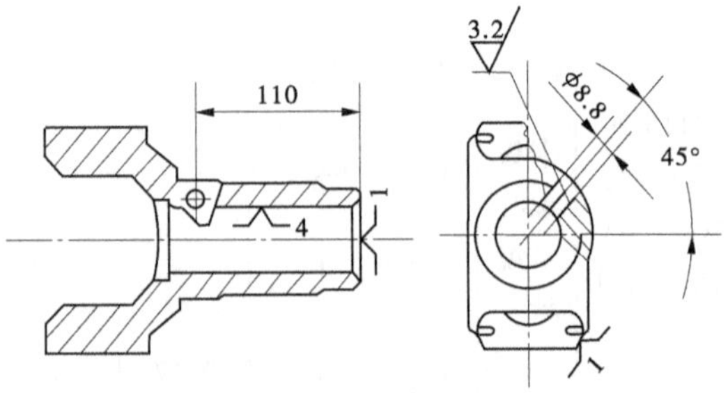	立式钻床 Z525
5	1	1	拉花键孔 16 × 43H11 × 50HB × 5H10 mm	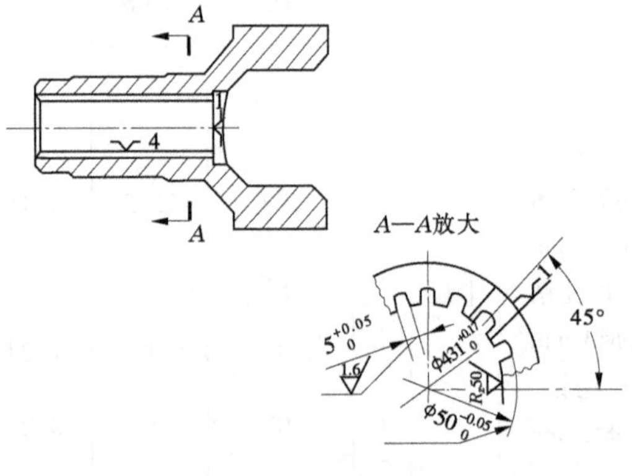	卧式拉床 L6120
6	1	1	粗铣 ϕ39 mm 两孔端面，保证尺寸 $118.4_{-0.22}^{0}$ mm	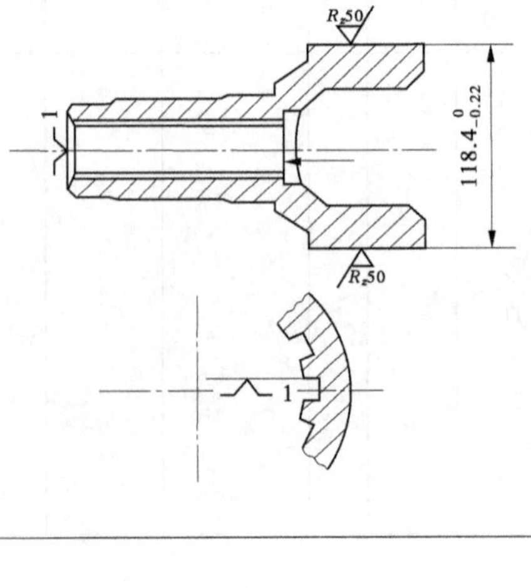	卧式铣床 X63

材料	45 钢	编制		（日期）
毛坯重量	6 kg	指导		
毛坯种类	模锻件	审核		

夹具或辅助工具	刀具	量具	走刀次数	走刀长度（mm）	切削深度（mm）	进给量（mm/r）	主轴转速（r/min）	切削速度（m/min）	工时定额（min）		
									基本时间	辅助时间	服务时间
专用夹具	麻花钻头 ϕ8.8 mm		1	18	4.4	0.11	680	18.8	0.24		
专用夹具	花键拉刀	花键量规	1			0.06（mm/齿）		3.6	0.24		
专用夹具	高速钢镶齿三面刃铣刀 ϕ225 mm	卡板	1	105	3.1	60（mm/min）	37.5	26.5	1.75		

续附表 2-1

××学院	零件号	
机械加工工艺过程综合卡片	零件名称	万向节滑动叉
	生产类型	大批生产

工序	安装工位	工步	工作说明	工序简图	机床
7			钻，扩 ϕ39 mm 两孔及倒角	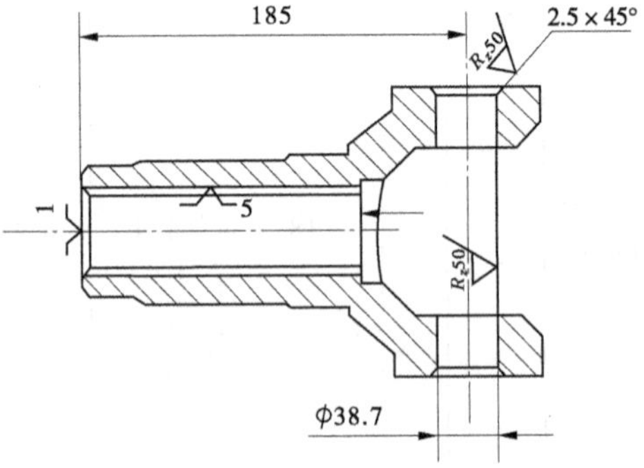	立式钻床 Z535
	1	1	钻孔 ϕ25 mm		
		2	扩钻 ϕ37 mm		
		3	扩孔 ϕ38.7 mm		
		4	倒角 2×45°		
	2	1	倒角 2×45°		
8			精镗，细镗 ϕ39 mm 两孔	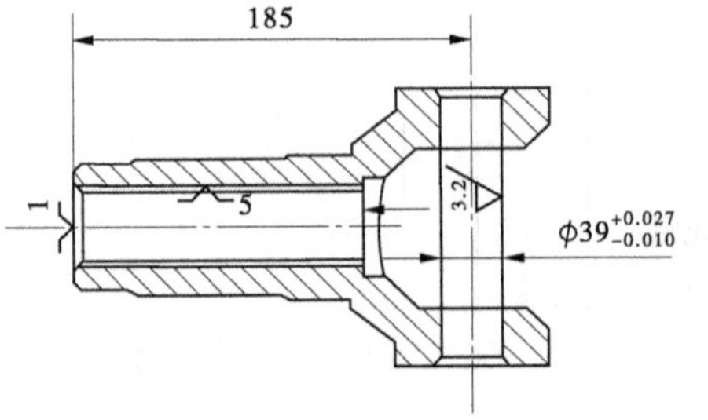	金刚镗床 T740
	1	1	精镗 ϕ38.9 mm		
		2	细镗孔 ϕ39 mm		
9			磨 ϕ39 mm 两孔端面	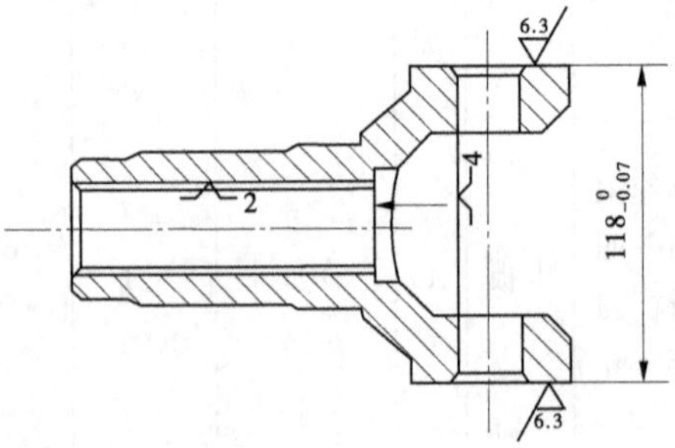	平面磨床 M7130
	1	1	磨上端面		
	2	1	磨另一端面		

材料	45 钢	编制		(日期)
毛坯重量	6 kg	指导		
毛坯种类	模锻件	审核		

夹具或辅助工具	刀具	量具	走刀次数	走刀长度(mm)	切削深度(mm)	进给量(mm/r)	主轴转速(r/min)	切削速度(m/min)	工时定额(min)		
									基本时间	辅助时间	服务时间
专用夹具	麻花钻 ϕ25 mm、 ϕ37 mm, 扩孔钻 ϕ38.7 mm, 90°锪钻		1 1 1 1 1	62 56 50	12.5 6 0.85	0.25 0.57 0.72	195 68 68 68 68	15.3 7.9 8.26	1.27 1.44 1.02		
专用夹具	YT30 镗刀	塞规	1 1	52 52	0.1 0.05	0.1 0.1	816 816	100 100	0.64 0.64		
专用夹具	砂轮 WA46KV6P 350×40 ×127	卡板		73 73				27.5(m/s) 27.5(m/s)	0.73 0.73		

××学院	零件号	
机械加工工艺过程综合卡片	零件名称	万向节滑动叉
	生产类型	大批生产

工序	安装工位	工步	工作说明	工 序 简 图	机床
10			钻螺纹底孔 4 - ϕ6.7 mm 并倒角	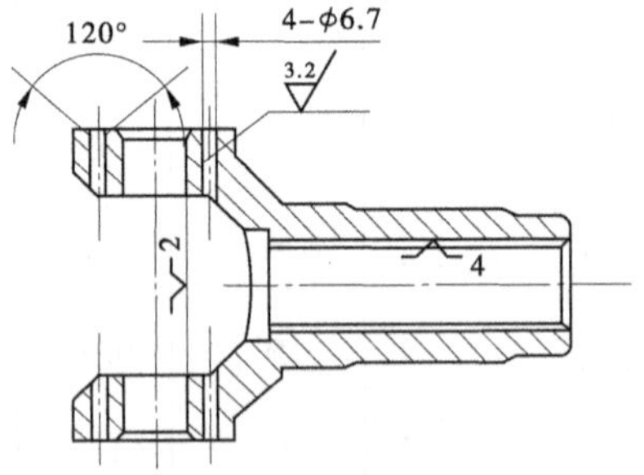	立式钻床 Z525
	1	1	钻 2 - ϕ6.7 mm		
	2	1	钻孔 2 - ϕ6.7 mm		
	3	1	倒角		
		2	倒角		
11			攻螺纹 4 - M8 mm 及 Rc1/8	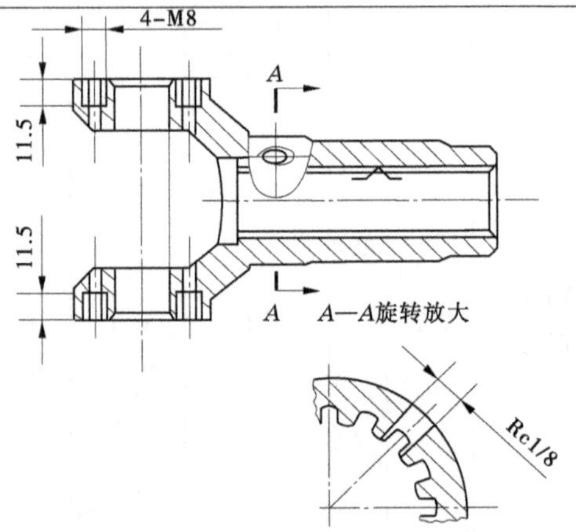	
	1	1	攻螺纹 2 - M8 mm		
	2	1	攻螺纹 2 - M8 mm		
	3	1	攻 Rc1/8		
12			冲箭头	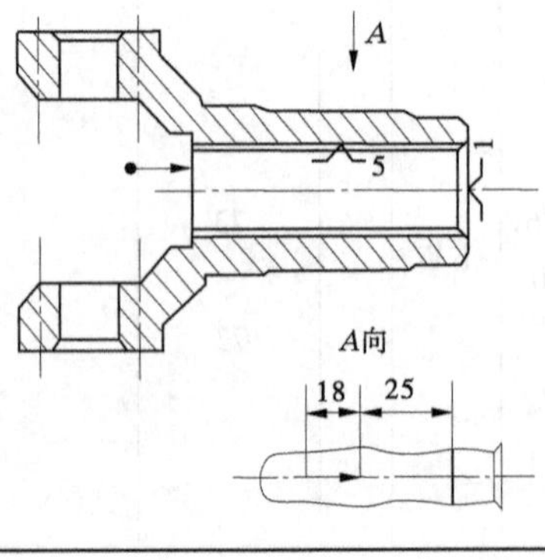	

材料		45 钢			编制					(日期)	
毛坯重量		6 kg			指导						
毛坯种类		模锻件			审核						
夹具或辅助工具	刀具	量具	走刀次数	走刀长度(mm)	切削深度(mm)	进给量(mm/r)	主轴转速(r/min)	切削速度(m/min)	工时定额(min)		
									基本时间	辅助时间	服务时间
专用夹具	麻花钻 φ6.7 mm,锪钻 120°		1	23	3.35	0.1	960	20.2	0.48		
			1	23	3.35	0.1	960	20.2	0.48		
			1				960				
			1				960				
	M8 丝锥,Rc1/8 丝锥		1	25	1.25		195	4.9	0.51		
			1	25	1.25		195	4.9	0.51		
			1	25	0.94		195	4.9	0.15		
专用夹具	成形车刀										

附表 3

附表 3-1 机械加工工艺过程卡片

机械加工工艺过程卡片	产品型号		零件图号			
	产品名称	旋耕机	零件名称	犁刀变速箱齿轮箱体	共 页	第 页

材料牌号	HT200	毛坯种类	铸件	毛坯外形尺寸	177 × 168 × 150	每件毛坯数	1	每件台数	1	备注	

工序号	工序名称	工序内容	车间	工段	设备	工艺装备	准终工时	单件工时
		铸造、时效	铸、热					
		涂底漆	表					
10	铣	粗铣 *N* 面	金工		X52K	专用铣夹具		
20	钻	钻扩铰孔 2 - ϕ10F9 至 2 - ϕ9F9，孔口倒角 1 × 45°，钻孔 4 - ϕ13	金工		Z3025	专用钻夹具	51.3	0.9
30	铣	粗铣 *R* 面及 *Q* 面	金工		组合机床	专用铣夹具		
40	铣	铣凸台面	金工		X52K	专用铣夹具		
50	镗	粗镗孔 2 - ϕ80，孔口倒角 1 × 45°	金工		组合机床	专用镗夹具		
60	铣	精铣 *N* 面	金工		X6132	专用铣夹具		
70	铰	精扩铰孔 2 - ϕ10F9 至 2 - ϕ10F7	金工		Z3025	专用钻夹具		
80	铣	精铣 *R* 面及 *Q* 面	金工		组合机床	专用铣夹具		
90	镗	精镗孔 2 - ϕ80H7	金工		组合机床	专用镗夹具		
100	钻	钻孔 ϕ20，扩铰球形孔 *S*ϕ30H9，钻 4 - M6 螺纹底孔，孔口倒角 1 × 45°，攻螺纹 4 - M6 - 6H	金工		Z3025	专用钻夹具		
110	锪	锪平面 4 - ϕ22	金工		Z3025	专用钻夹具		
120	钻	钻 8 - M12 螺纹底孔，孔口倒角 1 × 45°，钻铰孔 2 - ϕ8N8，孔口倒角 1 × 45°	金工		Z3025	专用钻夹具		
130	攻	攻螺纹 8 - M12 - 6H	金工		Z3025	专攻螺纹夹具		
140	检	检验	检					
150		入库						

										设计（日期）	校对（日期）	审核（日期）	标准化（日期）	会签（日期）
标记	处数	更改文件号	签字	日期	标记	处数	更改文件号	签字	日期					

附表 3-2　机械加工工序卡片(1)

机械加工工序卡片	产品型号		零件图号			
	产品名称	旋耕机	零件名称	犁刀变速齿轮箱	共 13 页	第 1 页

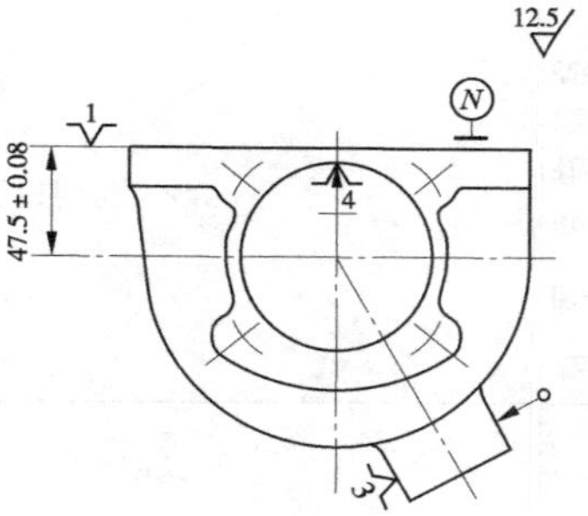

车间	工序号	工序名称	材料牌号
	10	粗铣 *N* 面	HT200
毛坯种类	毛坯外形尺寸	每毛坯可制件数	每台件数
铸件	117 × 168 × 150	1	1
设备名称	设备型号	设备编号	同时加工件数
立式铣床	X52K		1

夹具编号	夹具名称	切削液	
	粗铣 *N* 面夹具		
工位器具编号	工位器具名称	工序工时/分	
		准终	单件

工步号	工步内容	工艺设备	主轴转速（r/min）	切削速度（m/min）	进给量（mm/r）	切削深度（mm）	进给次数	工步工时 机动	工步工时 辅助
1	粗铣 *N* 面	专用铣夹具； 随行心棒； 可转立面铣刀 $\phi 200$	118	74.1	2	3.5	1		

										设计(日期)	校对(日期)	审核(日期)	标准化(日期)	会签(日期)
标记	处数	更改文件号	签字	日期	标记	处数	更改文件号	签字	日期					

附表 3-3　机械加工工序卡片(2)

机械加工工序卡片	产品型号		零件图号			
	产品名称	旋耕机	零件名称	犁刀变速齿轮箱	共 13 页	第 2 页

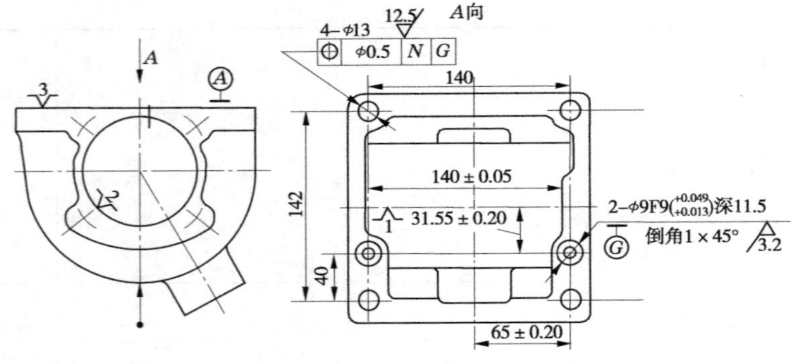

车间	工序号	工序名称	材料牌号
	20	钻扩铰 2 - φ9、4 - φ13	HT200
毛坯种类	毛坯外形尺寸	每毛坯可制件数	每台件数
铸件	117 × 168 × 150	1	1
设备名称	设备型号	设备编号	同时加工件数
立式钻床	Z3025		1
夹具编号	夹具名称		切削液
	钻 N 面夹具		
工位器具编号	工位器具名称		工序工时/分
		准终	单件

工步号	工步内容	工艺设备	主轴转速(r/min)	切削速度(m/min)	进给量(mm/r)	切削深度(mm)	进给次数	工步工时	
								机动	辅助
1	钻孔 4 - φ13	专用钻夹具;	630	25.7	0.4	6.5	1	0.44	0.605
2	钻孔 2 - φ7	卧轴分度台 φ500;	1 000	22	0.3	3.5	1	0.1	0.37
3	扩钻孔 2 - φ8.8,孔口倒角 1 × 45°	麻花钻 φ13、φ7,扩孔钻 φ8.8;	400	11	0.3	0.9	1	0.22	0.33
4	铰孔 2 - φ9	铰刀 φ9F9,塞规 φ9F9	630	17.8	0.3	0.1	1	0.14	0.63

										设计(日期)	校对(日期)	审核(日期)	标准化(日期)	会签(日期)
标记	处数	更改文件号	签字	日期	标记	处数	更改文件号	签字	日期					

附表 3-4　机械加工工序卡片(3)

机械加工工序卡片

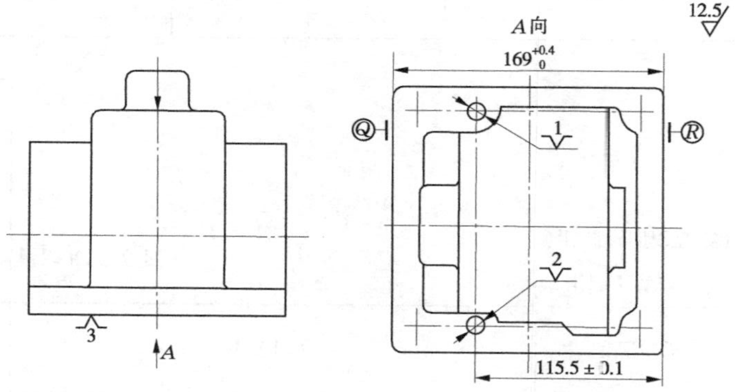

产品型号		零件图号			
产品名称	旋耕机	零件名称	犁刀变速齿轮箱	共 13 页	第 3 页
	车间	工序号	工序名称	材料牌号	
		30	粗铣 *R* 面、*Q* 面	HT200	
	毛坯种类	毛坯外形尺寸	每毛坯可制件数	每台件数	
	铸件	117×168×150	1	1	
	设备名称	设备型号	设备编号	同时加工件数	
	立式铣床			1	
	夹具编号	夹具名称		切削液	
		粗铣 *R* 和 *Q* 面夹具			
	工位器具编号	工位器具名称		工序工时/分	
				准终	单件

工步号	工步内容	工艺设备	主轴转速(r/min)	切削速度(m/min)	进给量(mm/r)	切削深度(mm)	进给次数	工步工时 机动	工步工时 辅助
1	粗铣 *R* 面和 *Q* 面	专用铣工具； 可转位面铣刀 $\phi160$	120	60	2	*R* 面 3.5， *Q* 面 3.5	1		

										设计(日期)	校对(日期)	审核(日期)	标准化(日期)	会签(日期)
标记	处数	更改文件号	签字	日期	标记	处数	更改文件号	签字	日期					

附表 3-5 机械加工工序卡片(4)

机械加工工序卡片

产品型号		零件图号			
产品名称	旋耕机	零件名称	犁刀变速齿轮箱	共 13 页	第 4 页

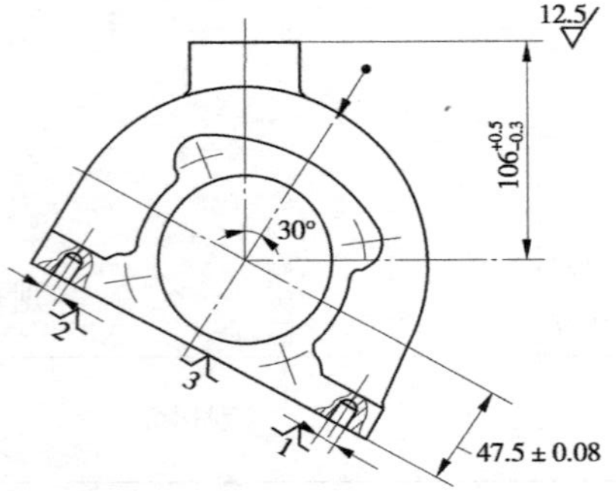

车间	工序号	工序名称	材料牌号
	40	铣凸台面	HT200
毛坯种类	毛坯外形尺寸	每毛坯可制件数	每台件数
铸件	117 × 168 × 150	1	1
设备名称	设备型号	设备编号	同时加工件数
立式铣床	X52K		1

夹具编号	夹具名称	切削液	
	铣凸台面夹具		
工位器具编号	工位器具名称	工序工时/分	
		准终	单件

工步号	工步内容	工艺设备	主轴转速(r/min)	切削速度(m/min)	进给量(mm/r)	切削深度(mm)	进给次数	工步工时 机动	工步工时 辅助
1	粗铣 *R* 面、*Q* 面	专用铣工具; 莫氏锥柄面铣刀 $\phi 80$	300	75.4	1.2	4	1		

设计(日期)	校对(日期)	审核(日期)	标准化(日期)	会签(日期)

标记	处数	更改文件号	签字	日期	标记	处数	更改文件号	签字	日期

附表 3-6　机械加工工序卡片(5)

机械加工工序卡片	产品型号		零件图号			
	产品名称	旋耕机	零件名称	犁刀变速齿轮箱	共 13 页	第 5 页

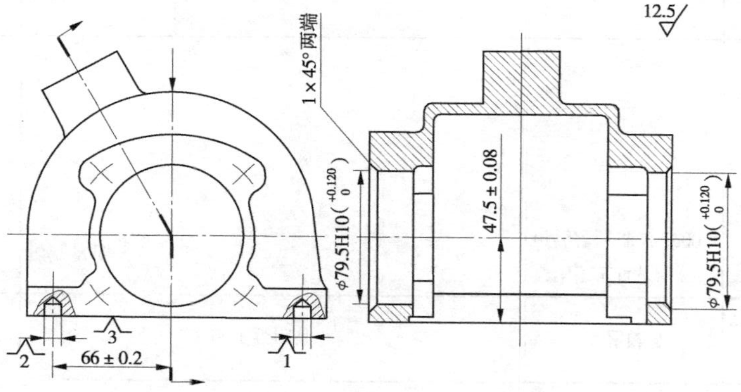

车间	工序号	工序名称	材料牌号
	50	粗镗孔 2 - φ80,倒角	HT200
毛坯种类	毛坯外形尺寸	每毛坯可制件数	每台件数
铸件	117×168×150	1	1
设备名称	设备型号	设备编号	同时加工件数
立式铣床			1
夹具编号	夹具名称		切削液
	粗铣 *R* 和 *Q* 面夹具		
工位器具编号	工位器具名称		工序工时/分
		准终	单件

工步号	工步内容	工艺设备	主轴转速 (r/min)	切削速度 (m/min)	进给量 (mm/r)	切削深度 (mm)	进给次数	工步工时 机动	工步工时 辅助
1	粗镗孔 2 - φ80,倒角	专用镗模、塞规 φ79.5H10; 镗杆、镗刀、倒角刀	96	24	0.2	2.75	1		

										设计(日期)	校对(日期)	审核(日期)	标准化(日期)	会签(日期)
标记	处数	更改文件号	签字	日期	标记	处数	更改文件号	签字	日期					

附表 3-7　机械加工工序卡片(6)

机械加工工序卡片	产品型号		零件图号			
	产品名称	旋耕机	零件名称	犁刀变速齿轮箱	共 13 页	第 6 页

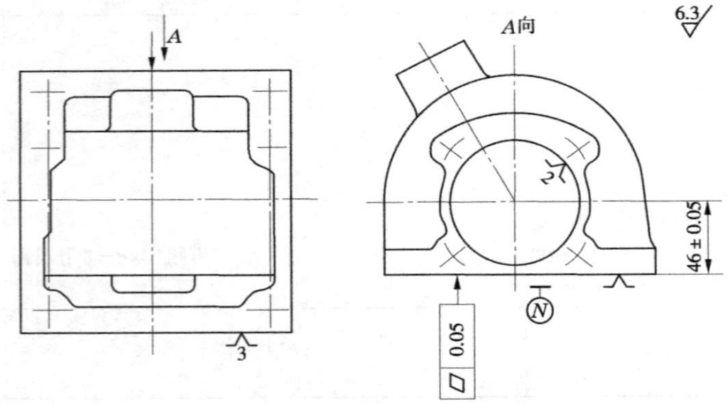

车间	工序号	工序名称	材料牌号
	60	精铣 *N* 面	HT200
毛坯种类	毛坯外形尺寸	每毛坯可制件数	每台件数
铸件	117 × 168 × 150	1	1
设备名称	设备型号	设备编号	同时加工件数
卧式铣床	X6132		1
夹具编号	夹具名称	切削液	
	铣 *N* 面夹具		
工位器具编号	工位器具名称	工序工时/分	
		准终	单件

工步号	工步内容	工艺设备	主轴转速(r/min)	切削速度(m/min)	进给量(mm/r)	切削深度(mm)	进给次数	工步工时	
								机动	辅助
1	精铣 *N* 面	专用铣工具； 可转位面铣刀 $\phi200$	300	188.4	0.5	1.5	1		

										设计(日期)	校对(日期)	审核(日期)	标准化(日期)	会签(日期)
标记	处数	更改文件号	签字	日期	标记	处数	更改文件号	签字	日期					

附表 3-8　机械加工工序卡片(7)

机械加工工序卡片	产品型号		零件图号			
	产品名称	旋耕机	零件名称	犁刀变速齿轮箱	共 13 页	第 7 页

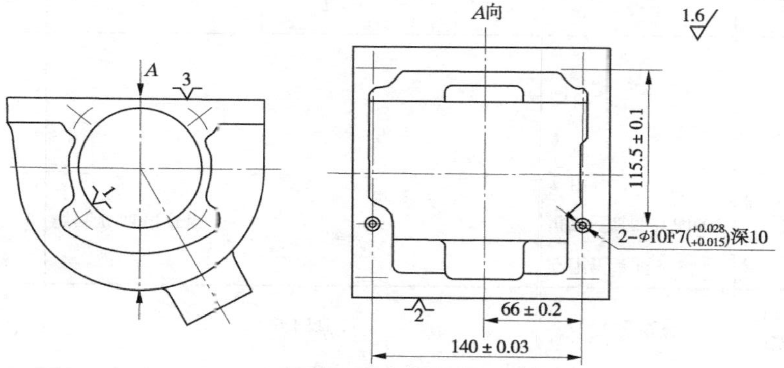

车间	工序号	工序名称	材料牌号
	70	精扩铰孔 2 - ϕ10	HT200
毛坯种类	毛坯外形尺寸	每毛坯可制件数	每台件数
铸件	117 × 168 × 150	1	1
设备名称	设备型号	设备编号	同时加工件数
摇臂钻床	Z3025		1
夹具编号	夹具名称		切削液
	精扩铰 2 - ϕ10 夹具		
工位器具编号	工位器具名称		工序工时/分
		准终	单件

工步号	工步内容	工艺设备	主轴转速(r/min)	切削速度(m/min)	进给量(mm/r)	切削深度(mm)	进给次数	工步工时 机动	工步工时 辅助
1	扩孔 2 - ϕ9.9F9	专用钻夹具;	400	12.4	0.3	0.95	1		
2	精铰孔 2 - ϕ10F7	扩孔钻 ϕ9.9,铰刀 ϕ10F7; 塞规 ϕ10F7	630	19.8	0.3	0.95	1		

											设计(日期)	校对(日期)	审核(日期)	标准化(日期)	会签(日期)
标记	处数	更改文件号	签字	日期	标记	处数	更改文件号	签字	日期						

附表 3-9　机械加工工序卡片(8)

机械加工工序卡片	产品型号		零件图号			
	产品名称	旋耕机	零件名称	犁刀变速齿轮箱	共 13 页	第 8 页

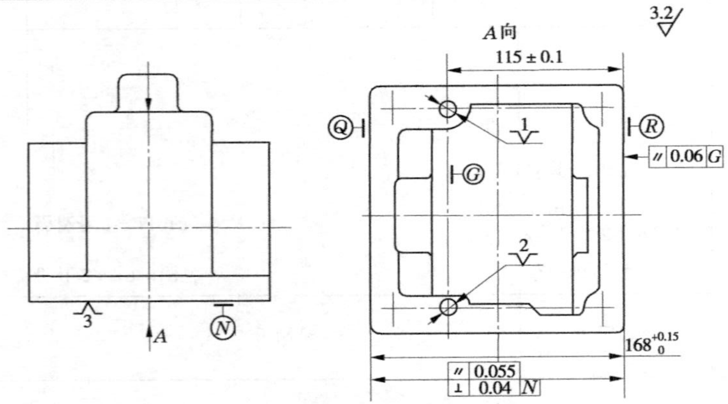

车间	工序号	工序名称	材料牌号	
	80	精铣 R 面、Q 面	HT200	
毛坯种类	毛坯外形尺寸	每毛坯可制件数	每台件数	
铸件	117 × 168 × 150	1	1	
设备名称	设备型号	设备编号	同时加工件数	
组合铣床			1	
夹具编号	夹具名称		切削液	
	精铣 R 和 Q 面夹具			
工位器具编号	工位器具名称		工序工时/分	
			准终	单件

工步号	工步内容	工艺设备	主轴转速 (r/min)	切削速度 (m/min)	进给量 (mm/r)	切削深度 (mm)	进给次数	工步工时	
								机动	辅助
1	精铣 R 面和 Q 面	专用铣夹具； 可转位面铣刀 $\phi160$； 专用检具	240	120	1.2	0.5	1		

										设计(日期)	校对(日期)	审核(日期)	标准化(日期)	会签(日期)
标记	处数	更改文件号	签字	日期	标记	处数	更改文件号	签字	日期					

附表 3-10　机械加工工序卡片(9)

机械加工工序卡片

产品型号		零件图号			
产品名称	旋耕机	零件名称	犁刀变速齿轮箱	共 13 页	第 9 页

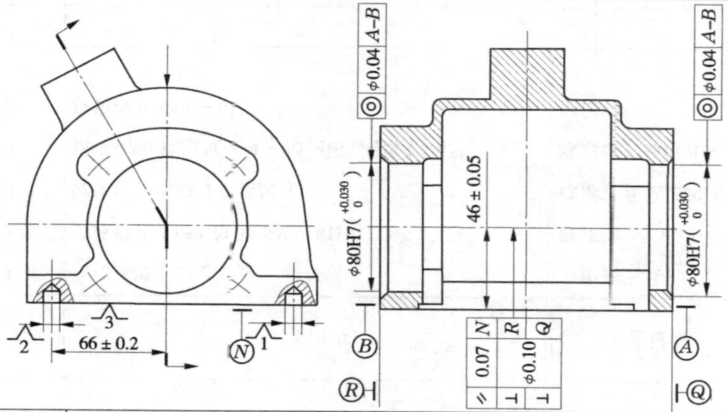

车间	工序号	工序名称	材料牌号
	90	精镗孔 2 – ϕ80H7	HT200
毛坯种类	毛坯外形尺寸	每毛坯可制件数	每台件数
铸件	117×168×150	1	1
设备名称	设备型号	设备编号	同时加工件数
组合铣床			1

夹具编号	夹具名称	切削液
	精镗孔夹具	

工位器具编号	工位器具名称	工序工时/分 准终	工序工时/分 单件

工步号	工步内容	工艺设备	主轴转速 (r/min)	切削速度 (m/min)	进给量 (mm/r)	切削深度 (mm)	进给次数	工步工时 机动	工步工时 辅助
1	精镗孔 2 – ϕ80H7	精镗奠; 镗杆及微调镗刀; 专用检具	287	72	0. 12	0. 25	1		

标记	处数	更改文件号	签字	日期	标记	处数	更改文件号	签字	日期	设计(日期)	校对(日期)	审核(日期)	标准化(日期)	会签(日期)

附表 3-11　机械加工工序卡片(10)

机械加工工序卡片	产品型号		零件图号			
	产品名称	旋耕机	零件名称	犁刀变速齿轮箱	共 13 页	第 10 页

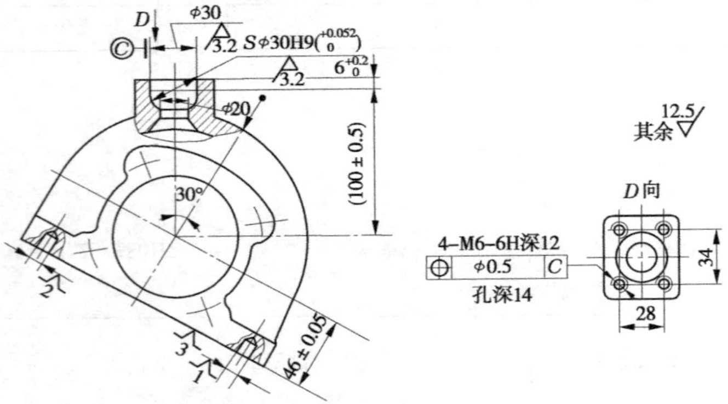

车间	工序号	工序名称	材料牌号
	100	钻凸台面各孔、攻螺纹	HT200
毛坯种类	毛坯外形尺寸	每毛坯可制件数	每台件数
铸件	117×168×150	1	1
设备名称	设备型号	设备编号	同时加工件数
立式铣床			1

夹具编号	夹具名称	切削液	
	钻扩铰凸台面孔夹具		
工位器具编号	工位器具名称	工序工时/分	
		准终	单件

工步号	工步内容	工艺设备	主轴转速（r/min）	切削速度（m/min）	进给量（mm/r）	切削深度（mm）	进给次数	工步工时 机动	工步工时 辅助
1	钻孔 φ20	专用钻夹具;	400	25	0.4	10	1		
2	扩球形孔 Sφ30H9 至 Sφ29.8H10	麻花钻 φ5、φ20;	400	37.4	0.3	4.9	1		
3	铰球形孔 Sφ30H9 至尺寸	球形扩孔钻 φ29.8;	630	47	0.3	0.1	1		
4	钻 4－M6 螺纹底孔 4－φ5,孔口倒角 1×45°	球形铰刀 φ130H9;	1 000	15.7	0.3	2.5	1		
5	攻螺纹 4－M6－6H	丝锥 M8	125	2.4	1	0.5	1		

										设计(日期)	校对(日期)	审核(日期)	标准化(日期)	会签(日期)
标记	处数	更改文件号	签字	日期	标记	处数	更改文件号	签字	日期					

附表 3-12　机械加工工序卡片(11)

机械加工工序卡片

产品型号		零件图号			
产品名称	旋耕机	零件名称	犁刀变速齿轮箱	共 13 页	第 11 页

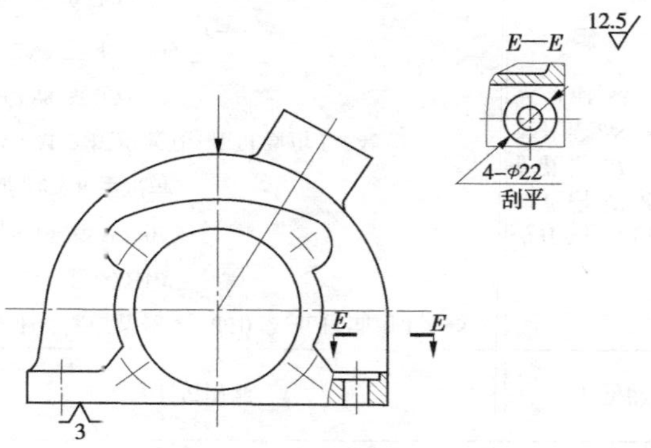

车间	工序号	工序名称	材料牌号
	110	锪平面 4 − ϕ22	HT200
毛坯种类	毛坯外形尺寸	每毛坯可制件数	每台件数
铸件	117 × 168 × 150	1	1
设备名称	设备型号	设备编号	同时加工件数
摇臂钻床	Z3025		1

夹具编号	夹具名称	切削液	
	锪平面 4 − ϕ22 夹具		
工位器具编号	工位器具名称	工序工时/分	
		准终	单件

工步号	工步内容	工艺设备	主轴转速 (r/min)	切削速度 (m/min)	进给量 (mm/r)	切削深度 (mm)	进给次数	工步工时 机动	工步工时 辅助
1	锪平面 4 − ϕ22	专角锪钻 ϕ22	400	27.6	0.12	4.5	1		

标记	处数	更改文件号	签字	日期	标记	处数	更改文件号	签字	日期	设计(日期)	校对(日期)	审核(日期)	标准化(日期)	会签(日期)

附表 3-13　机械加工工序卡片(12)

机械加工工序卡片	产品型号		零件图号			
	产品名称	旋耕机	零件名称	犁刀变速齿轮箱	共 13 页	第 12 页

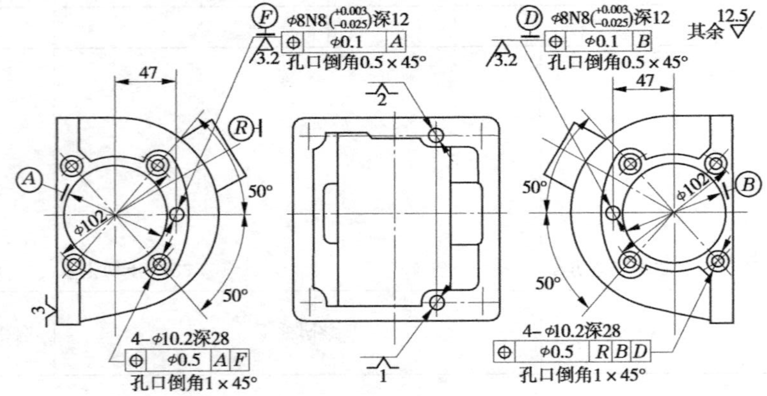

车间	工序号	工序名称	材料牌号	
	120	钻铰 R、Q 面各孔	HT200	
毛坯种类	毛坯外形尺寸	每毛坯可制件数	每台件数	
铸件	117 × 168 × 150	1	1	
设备名称	设备型号	设备编号	同时加工件数	
摇臂钻床	Z3025		1	
夹具编号	夹具名称		切削液	
	钻铰 R、Q 面各孔夹具			
工位器具编号	工位器具名称		工序工时/分	
			准终	单件

工步号	工步内容	工艺设备	主轴转速 (r/min)	切削速度 (m/min)	进给量 (mm/r)	切削深度 (mm)	进给次数	工步工时 机动	工步工时 辅助
1	钻 *R* 面 4M12 螺纹底孔 4 - ϕ10.2，孔口倒角 1 × 45°	专用钻夹具； 麻花钻 ϕ7、ϕ10.2； 扩孔钻 ϕ7.9； 铰孔钻 ϕ8N8； 塞规 ϕ8N8	630	20	0.3	5.1	1		
2	钻 *R* 面 ϕ8N8 至 ϕ7H10		1 000	24	0.3	3.5	1		
3	扩 *R* 面 ϕ8N 8 至 ϕ7.9N9		630	45.6	0.3	0.45	1		
4	精铰 *R* 面 ϕ8N 8 至尺寸		630	20	0.3	0.05	1		
5	钻 *Q* 面 4 - M12 螺纹底孔，孔口倒角 1 × 45°		630	24	0.3	5.1	1		
6	钻 *Q* 面 ϕ8N8 至 ϕ7H10		1 000	15.6	0.3	3.5	1		
7	扩 *R* 面 ϕ8N8 至 ϕ7.9H9		630	15.8	0.3	0.45	1		
8	精铰 *R* 面 ϕ8N8 至尺寸		630		0.3	0.05			

										设计(日期)	校对(日期)	审核(日期)	标准化(日期)	会签(日期)
标记	处数	更改文件号	签字	日期	标记	处数	更改文件号	签字	日期					

附表 3-14　机械加工工序卡片(13)

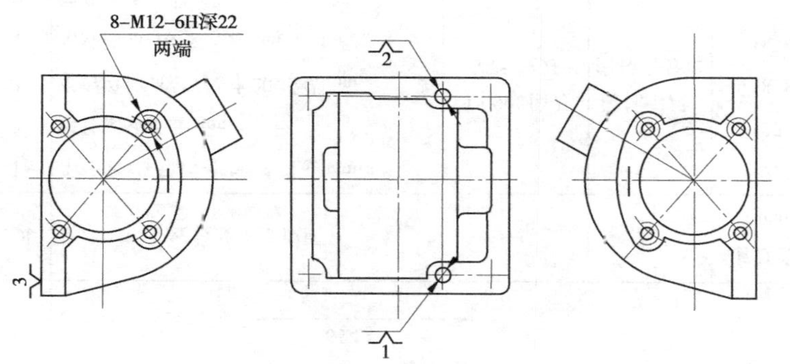

机械加工工序卡片	产品型号		零件图号			
	产品名称	旋耕机	零件名称	犁刀变速齿轮箱	共 13 页	第 13 页
	车间	工序号	工序名称	材料牌号		
		130	攻螺纹 8 - M12 - 6H	HT200		
	毛坯种类	毛坯外形尺寸	每毛坯可制件数	每台件数		
	铸件	117 × 168 × 150	1	1		
	设备名称	设备型号	设备编号	同时加工件数		
	摇臂钻床	Z3025		1		
	夹具编号		夹具名称	切削液		
			攻螺纹 8 - M12 夹具			
	工位器具编号		工位器具名称	工序工时/分		
				准终	单件	

工步号	工步内容	工艺设备	主轴转速(r/min)	切削速度(m/min)	进给量(mm/r)	切削深度(mm)	进给次数	工步工时 机动	工步工时 辅助
1	攻 *R* 面螺纹 4 - M12 - 6H	丝锥 M12	125	4.7	1.75	0.9	1		
2	攻 *Q* 面螺纹 4 - M12 - 6H								

										设计(日期)	校对(日期)	审核(日期)	标准化(日期)	会签(日期)
标记	处数	更改文件号	签字	日期	标记	处数	更改文件号	签字	日期					

附表 4

附表 4-1 齿轮加工工艺卡片

××学院	机械加工工序卡片

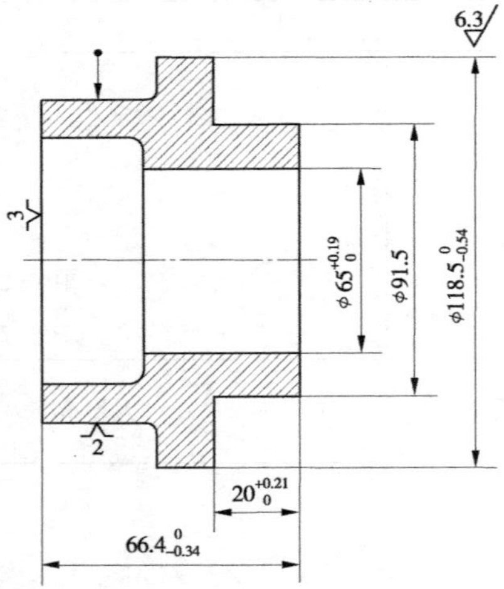

工序名称	粗车	工序号	I
零件名称	齿轮	零件号	
零件重量	1.36 kg	加工零件数	1
材　料		毛　坯	
牌号	硬度	形式	重量
45 钢	207～241 HBS	模锻件	2.2 kg
设备		夹具	辅助夹具
名称	型号	三爪自定心卡盘	
卧式车床	C620－1		

安装	工步	安装及工步说明	刀具	量具	走刀长度（mm）	切削深度（mm）	进给量（mm/r）	走刀次数	主轴转速（r/s）	切削速度（m/s）	基本工时（s）
1	1	车端面，保持尺寸 66.4 $^{0}_{-0.24}$ mm	YT5 90°偏刀、YT5 镗刀	游标卡尺、内径百分尺	22	1.3	0.52	1	2.0	0.59	22
	2	车外圆 φ95.1 mm			22	1.25	0.65	1	2.0	0.59	17
	3	车台阶面，保持尺寸 20 $^{+0.21}_{0}$ mm			18.8	1.3	0.52	1	2.0	0.76	18
	4	车外圆 φ118.5 $^{0}_{-0.54}$ mm			18.4	1.25	0.65	1	2.0	0.76	15
	5	镗孔 φ65 $^{+0.19}_{0}$			43	1.5	0.2	1	6.17	3.05	35

设计者		指导		开始时间		完成时间		共 10 页	第 1 页

附表 4-2 齿轮加工工艺卡片

× ×学院	机械加工工序卡片	工序名称	粗车	工序号	Ⅱ
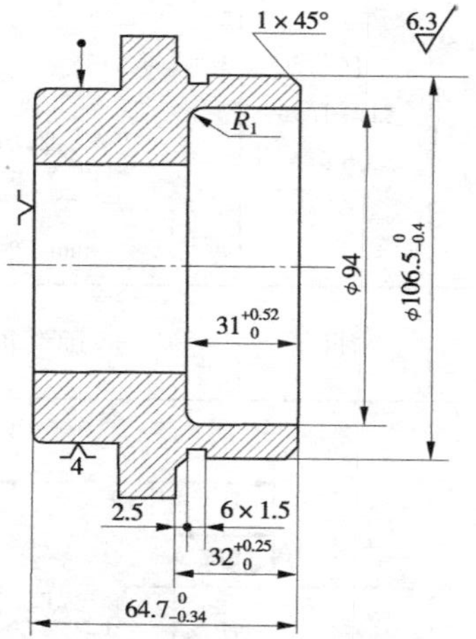		零件名称	齿轮	零件号	
		零件重量	1.36 kg	加工零件数	1
		材料		毛坯	
		牌号	硬度	形式	重量
		45 钢	207 ~ 241 HBS	模锻件	2.2 kg
		设备		夹具	辅助夹具
		名称	型号	三爪自定心卡盘	
		卧式车床	C620 − 1		

安装	工步	安装及工步说明	刀具	量具	走刀长度（mm）	切削深度（mm）	进给量（mm/r）	走刀次数	主轴转速（r/s）	切削速度（m/s）	基本工时（s）
1	1	车端面，保持尺寸 $64.7_{-0.24}^{0}$ mm	YT5 90°偏刀、45°外圆车刀、YT5 镗刀、高速钢切槽刀	游标卡尺	16.5	1.7	0.52	1	2.0	0.69	16
	2	车外圆 $\phi106.5_{-0.4}^{0}$ mm			32	1.75	0.65	1	2.0	0.69	25
	3	车台阶面，保持尺寸 $32_{0}^{+0.25}$ mm			8	1.7	1.52	1	2.0	0.74	8
	4	镗孔 $\phi94$ 及台阶面，尺寸 $\phi34_{0}^{+0.52}$ mm			31 及 18	2.5 及 1.7	0.2	1	3.83	1.13	69
	5	车沟槽，保尺寸 2.5 及 6 × 1.5 mm					手动	1	0.5	0.17	
	6	倒角 1 × 45°					手动	1	2.0	0.69	
设计者			指导		开始时间			完成时间		共 10 页	第 2 页

附表 4-3　齿轮加工工艺卡片

××学院	机械加工工序卡片	工序名称	粗车	工序号	Ⅲ
		零件名称	齿轮	零件号	
		零件重量	1.36 kg	加工零件数	1
		材料		毛坯	
		牌号	硬度	形式	重量
		45 钢	207 ~ 241 HBS	模锻件	2.2 kg
		设备		夹具	辅助夹具
		名称	型号	三爪自定心卡盘	
		卧式车床	C620 − 1		

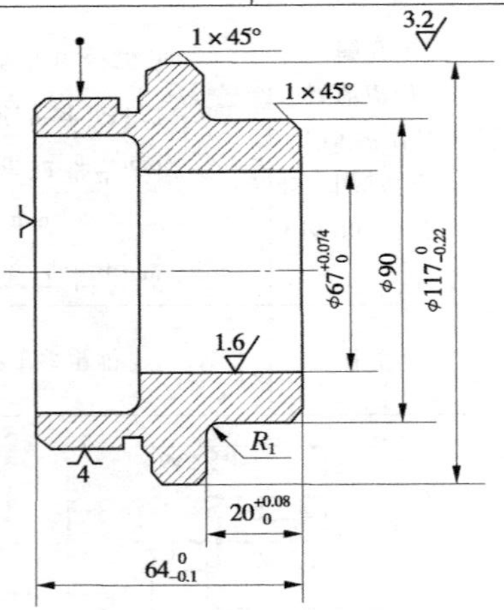

安装	工步	安装及工步说明	刀具	量具	走刀长度（mm）	切削深度（mm）	进给量（mm/r）	走刀次数	主轴转速（r/s）	切削速度（m/s）	基本工时（s）
1	1	车端面，保持尺寸 $64^{0}_{-0.1}$ mm	YT5 90°偏刀、YT5 镗刀	游标卡尺、内径百分表、外径百分尺、深度百分尺	19.3	0.7	0.3	1	6.33	1.79	11
	2	车外圆 $\phi 90$ mm			22	0.75	0.3	1	6.33	1.79	12
	3	车台阶面，保持尺寸 $20^{+0.08}_{0}$ mm			18.3	0.7	0.3	1	6.33	2.33	10
	4	车外圆 $\phi 117^{0}_{-0.22}$ mm			16	0.75	0.3	1	6.33	2.33	9
	5	镗孔 $\phi 67^{+0.074}_{0}$			40.5	1	0.1	1	12.7	2.67	32
	6	倒角 1×45°					手动		6.33		
设计者			指导		开始时间		完成时间			共 10 页	第 3 页

附表 4-4　齿轮加工工艺卡片

××学院	机械加工工序卡片	工序名称	粗车	工序号	Ⅳ
		零件名称	齿轮	零件号	
		零件重量	1.36 kg	加工零件数	1

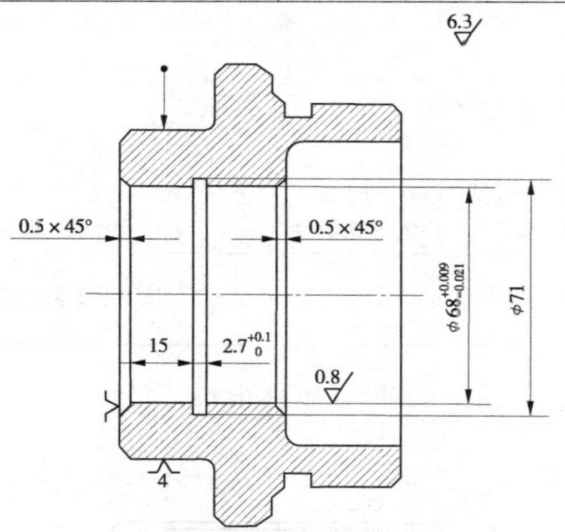

材料		毛坯	
牌号	硬度	形式	重量
45 钢	207 ~ 241 HBS	模锻件	2.2 kg

设备		夹具	辅助夹具
名称	型号	三爪自定心卡盘	
卧式车床	C616A		

安装	工步	安装及工步说明	刀具	量具	走刀长度（mm）	切削深度（mm）	进给量（mm/r）	走刀次数	主轴转速（r/s）	切削速度（m/s）	基本工时（s）
1	1	精镗孔 $\phi 68^{+0.009}_{-0.021}$ mm	YT30 精镗刀、高速钢切槽刀、倒角刀	圆柱塞规	40.5	0.5	0.04	1	23.3	4.98	44
		镗沟槽 φ71 mm，保持宽 $2.7^{+0.1}_{0}$ mm					手动	1	0.67	0.14	
	2	倒角 0.5×45°					手动		0.67	0.14	

设计者		指导		开始时间		完成时间		共 10 页	第 4 页

附表 4-5　齿轮加工工艺卡片

××学院	机械加工工序卡片	工序名称	粗车	工序号	V

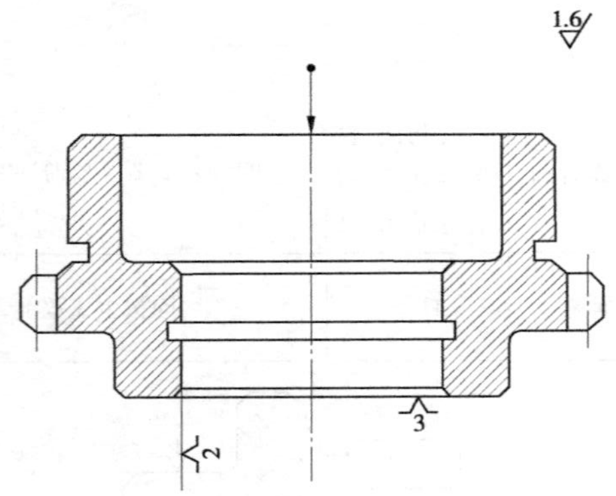

零件名称	齿轮	零件号	
零件重量	1.36 kg	加工零件数	1
材料		毛坯	
牌号	硬度	形式	重量
45 钢	207～241 HBS	模锻件	2.2 kg
设备		夹具	辅助夹具
名称	型号	心轴	
滚齿机	Y3150		

安装	工步	安装及工步说明	刀具	量具	走刀长度（mm）	切削深度（mm）	进给量（mm/r）	走刀次数	主轴转速（r/s）	切削速度（m/s）	基本工时（s）
1	1	滚齿达图样要求	齿轮滚刀 m = 2.25 mm	公法线百分尺	34		0.83	1	2.25	0.45	910

设计者		指导		开始时间		完成时间		共 10 页	第 5 页

附表 4-6　齿轮加工工艺卡片

××学院	机械加工工序卡片	工序名称	粗车	工序号	Ⅵ
		零件名称	齿轮	零件号	
		零件重量	1.36 kg	加工零件数	1
		材　料		毛　坯	
		牌号	硬度	形式	重量
		45 钢	207 ~ 241 HBS	模锻件	2.2 kg
		设备		夹具	辅助夹具
		名称	型号	专用夹具	
		卧式铣床	X62		

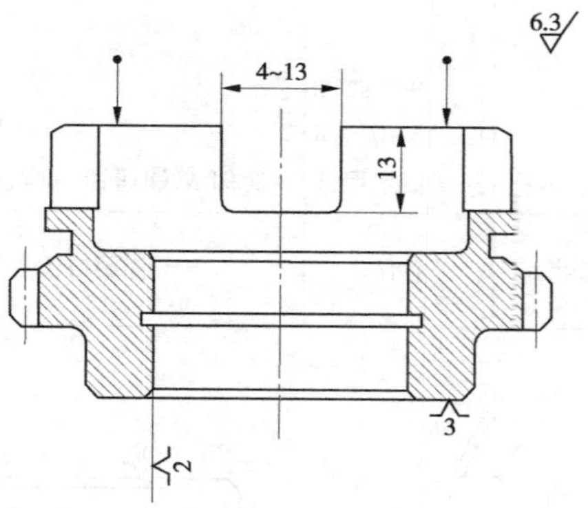

安装	工步	安装及工步说明	刀具	量具	走刀长度（mm）	切削深度（mm）	进给量（mm/齿）	走刀次数	主轴转速（r/s）	切削速度（m/s）	基本工时（s）
1	1	在四个工位上铣槽，保护槽宽 13 mm，深为 13 mm	高速钢错齿三面刃铣刀	游标卡尺	51.5	13	0.063	4	1	0.39	165
设计者			指导		开始时间		完成时间			共 10 页	第 6 页

附表 4-7　齿轮加工工艺卡片

××学院	机械加工工序卡片	工序名称	粗车	工序号	Ⅶ
		零件名称	齿轮	零件号	
		零件重量	1.36 kg	加工零件数	1
		材　料		毛　坯	
		牌号	硬度	形式	重量
		45 钢	207 ~ 241 HBS	模锻件	2.2 kg
		设备		夹具	辅助夹具
		名称	型号	专用夹具	
		卧式铣床	X62		

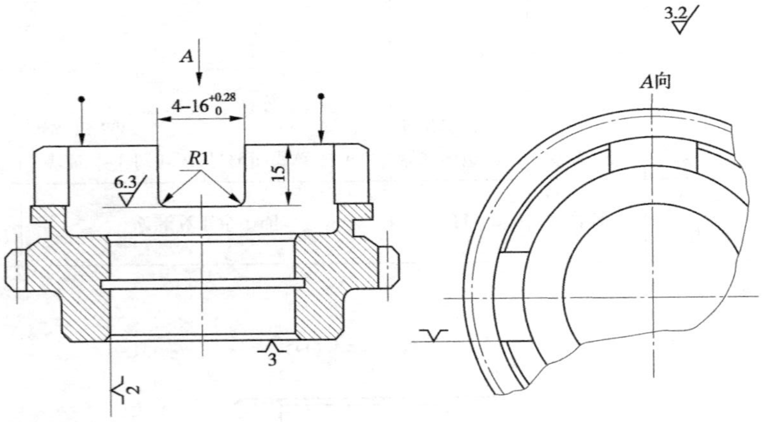

安装	工步	安装及工步说明	刀具	量具	走刀长度 (mm)	切削深度 (mm)	进给量 (mm/r)	走刀次数	主轴转速 (r/s)	切削速度 (m/s)	基本工时 (s)
1	1	在四个工位上铣槽，保护槽宽 $16^{+0.28}_{0}$ mm，深为 15 mm	高速钢错齿三面刃铣刀 ϕ125 mm	游标卡尺	54.5	3	0.032	4	2.5	0.98	138

设计者		指导		开始时间		完成时间		共 10 页	第 7 页

附表 4-8　齿轮加工工艺卡片

××学院	机械加工工序卡片	工序名称	粗车	工序号	Ⅷ

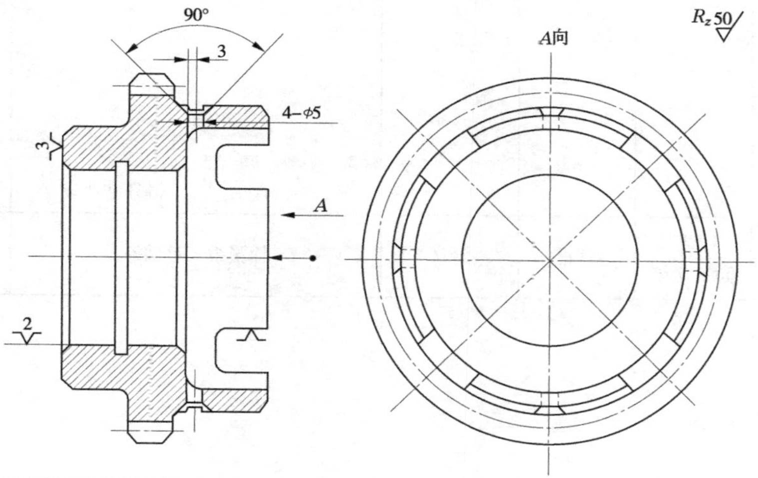

零件名称	齿轮	零件号	
零件重量	1.36 kg	加工零件数	1

材料		毛坯	
牌号	硬度	形式	重量
45 钢	207 ~ 241 HBS	模锻件	2.2 kg

设备		夹具	辅助夹具
名称	型号	专用夹具	
立式钻床	Z518		

安装	工步	安装及工步说明	刀具	量具	走刀长度（mm）	切削深度（mm）	进给量（mm/r）	走刀次数	主轴转速（r/s）	切削速度（m/s）	基本工时（s）
1	1	四个工位上钻孔 φ5 mm	复合钻 φ5 mm 及 90°角			2.5	手动	4	18	28	

设计者		指导		开始时间		完成时间		共 10 页	第 8 页

附表 4-9　齿轮加工工艺卡片

××学院	机械加工工序卡片				
		工序名称	粗车	工序号	Ⅸ
		零件名称	齿轮	零件号	
		零件重量	1.36 kg	加工零件数	1

材料		毛坯	
牌号	硬度	形式	重量
45 钢	207～241 HBS	模锻件	2.2 kg

设备		夹具	辅助夹具
名称	型号		
钳工台			

安装	工步	安装及工步说明	刀具	量具	走刀长度（mm）	切削深度（mm）	进给量（mm/r）	走刀次数	主轴转速（r/s）	切削速度（m/s）	基本工时（s）
		去除全部毛刺									

设计者		指导		开始时间		完成时间		共 10 页	第 9 页

附表 4-10　齿轮加工工艺卡片

<table>
<tr><td colspan="3">××学院</td><td colspan="5">机械加工工序卡片</td><td colspan="2">工序名称</td><td>粗车</td><td>工序号</td><td>X</td></tr>
<tr><td colspan="8" rowspan="8"></td><td colspan="2">零件名称</td><td>齿轮</td><td>零件号</td><td></td></tr>
<tr><td colspan="2">零件重量</td><td>1.36 kg</td><td>加工零件数</td><td>1</td></tr>
<tr><td colspan="3">材　料</td><td colspan="2">毛　坯</td></tr>
<tr><td>牌号</td><td colspan="2">硬度</td><td>形式</td><td>重量</td></tr>
<tr><td>45 钢</td><td colspan="2">207～241 HBS</td><td>模锻件</td><td>2.2 kg</td></tr>
<tr><td colspan="3">设备</td><td>夹具</td><td>辅助夹具</td></tr>
<tr><td colspan="2">名称</td><td>型号</td><td rowspan="2"></td><td rowspan="2"></td></tr>
<tr><td colspan="2"></td><td></td></tr>
<tr><td>安装</td><td>工步</td><td>安装及工步说明</td><td>刀具</td><td>量具</td><td>走刀长度（mm）</td><td>切削深度（mm）</td><td>进给量（mm/r）</td><td>走刀次数</td><td>主轴转速（r/s）</td><td>切削速度（m/s）</td><td>基本工时（s）</td><td></td></tr>
<tr><td></td><td></td><td>按零件要求入库</td><td></td><td></td><td></td><td></td><td></td><td></td><td></td><td></td><td></td><td></td></tr>
<tr><td colspan="2">设计者</td><td></td><td colspan="2">指导</td><td>开始时间</td><td></td><td>完成时间</td><td></td><td>共 10 页</td><td colspan="3">第 10 页</td></tr>
</table>

参考文献

[1] 李洪. 机械加工工艺手册[M]. 北京: 北京出版社, 1990.

[2] 艾兴,肖诗纲.切削用量简明手册[M].北京:机械工业出版社,1994.

[3] 东北重型机械学院,洛阳工学院. 机床夹具设计手册[M].2 版. 上海:上海科学技术出版社,1988.

[4] 赵玉福.金属机械加工工人手册[M].3 版. 上海:上海科学技术出版社,1992.

[5] 郑修本,冯冠大. 机械制造工艺学[M]. 北京:机械工业出版社,1994.

[6] 李益民.机械制造工艺设计简明手册[M]. 北京: 机械工业出版社,2004.

[7] 杜可可.机械制造技术基础课程设计指导[M]. 北京:人民邮电出版社,2007.

[8] 孙丽媛.机械制造工艺及专用夹具设计指导[M]. 北京:冶金工业出版社,2002.

[9] 倪森寿.机械制造工艺与装备习题集和课程设计指导书[M]. 北京:化学工业出版社,2001.

[10] 董海森.机械制造技术自学辅导[M]. 北京:机械工业出版社,2002.

[11] 陈宏钧.机械加工技师综合手册[M]. 北京:机械工业出版社,2006.

[12] 刘守勇.机械制造工艺与机床夹具[M]. 北京:机械工业出版社,1994.

[13] 吴拓,方琼珊.机械制造工艺与机床夹具课程设计指导[M].北京:机械工业出版社,2006.